"十四五"职业教育国家规划教材

数控加工工艺与编程技术基础
（第2版）

主　编　张　萍　刘永富
副主编　宋　浩　沈　斌　张　微
参　编　钱志萍　徐小娟　吴文秀　柴　俊
主　审　赵光霞

北京理工大学出版社
BEIJING INSTITUTE OF TECHNOLOGY PRESS

内容简介

本书是作者参照国家职业标准和行业标准等相关规定，以培养读者具备制定典型零件数控加工工艺并编制加工程序的能力为目标编写而成的。本书旨在为读者进一步掌握数控车削和数控铣削操作技能奠定基础，在选题上难易结合、由浅入深，教材内容既侧重于工艺和编程基础理论知识的介绍，也侧重于工艺和编程能力的培养，其适应性、实用性、可操作性强，便于学生自主学习。

全书共分4个模块。本书遵循学生的认知规律和成长规律，概要介绍了数控机床的加工特点、适用范围、数控机床的分类、FANUC数控系统和SIEMENS数控系统、数控刀具的选用、数控车削工艺与编程技术、数控铣削（加工中心）工艺与编程技术等内容。本书内容密切联系生产实际，同时兼顾数控技术发展的新动态和新趋势，内容实用、图文并茂、通俗易懂、语言简洁流畅。

本书可作为职业院校数控技术应用专业及其相关专业的教学用书，也可作为相关行业的岗位培训教材或随身携带的技术手册和参考资料。

版权专有　侵权必究

图书在版编目（CIP）数据

数控加工工艺与编程技术基础 / 张萍，刘永富主编
. -- 2 版 . -- 北京：北京理工大学出版社，2019.10（2024.12 重印）
ISBN 978 - 7 - 5682 - 7796 - 9

Ⅰ.①数… Ⅱ.①张…②刘… Ⅲ.①数控机床 – 加工 – 职业教育 – 教材②数控机床 – 程序设计 – 职业教育 – 教材 Ⅳ.① TG659

中国版本图书馆 CIP 数据核字（2019）第 242902 号

责任编辑： 陆世立		**文案编辑：** 陆世立	
责任校对： 周瑞红		**责任印制：** 边心超	

出版发行 / 北京理工大学出版社有限责任公司
社　　址 / 北京市丰台区四合庄路 6 号
邮　　编 / 100070
电　　话 /（010）68914026（教材售后服务热线）
　　　　　（010）63726648（课件资源服务热线）
网　　址 / http:// www.bitpress.com.cn

版 印 次 / 2024 年 12 月第 2 版第 5 次印刷
印　　刷 / 定州市新华印刷有限公司
开　　本 / 787 mm × 1092 mm　1 / 16
印　　张 / 14
字　　数 / 290 千字
定　　价 / 39.80元

图书出现印装质量问题，请拨打售后服务热线，负责调换

前言
FOREWORD

党的二十大报告指出:"建设现代化产业体系,坚持把发展经济的着力点放在实体经济上,推进新型工业化,加快建设制造强国、质量强国、航天强国、交通强国、网络强国、数字中国。实施产业基础再造工程和重大技术装备攻关工程,支持专精特新企业发展,推动制造业高端化、智能化、绿色化发展。"数控加工技术是现代制造技术最重要的组成部分之一。近年来,随着我国制造水平的提升,数控机床被广泛采用,数控加工成为操作者必备的技术和技能,而数控加工工艺与编程技术是数控加工技术的核心,是操作者必须掌握的技术。

本书是北京理工大学出版社为适应现代经济发展、产业结构调整及学校进行深层次课程改革而强势推进的中等职业学校专业课程改革成果的规划教材之一,重点体现了中等职业教育教学特色。学好本课程不仅为后续专业技能课程的学习打下坚实的基础,而且对强化学生的专业能力、提升学生的就业竞争力具有十分重要的作用和意义。本书编写特色如下:

1. 本课程是职业院校数控技术应用专业的核心课程之一,是一门基础性、实践性、应用性很强的理实一体化课程。本课程的开设旨在培养职业院校学生根据零件图样要求合理制定数控加工工艺,并在此基础上正确编制数控加工程序的能力。

2. 作者本着"以就业为导向,以能力为本位"的现代职教理念,根据数控技术应用专业人才培养方案对本课程提出的目标要求及相关国家职业标准和行业标准编写了本书。本书不仅强调职业岗位的实际要求,而且注重学生个人适应人才市场变化的需要,因此,本书内容的设计兼顾了企业和个人两者的需求,着力推行"工学结合"的人才培养模式,以培养学生全面素质为出发点和落脚点,以提高学生综合职业能力为核心。

FOREWORD

3. 本书内容紧密围绕新的课程标准要求。作者依据学时总数，对本书内容做了科学设计，使之符合教学规律，适应"做中学"的教学要求，符合学生的认知规律和技能形成规律。教师在讲解每个知识点时，都能用实例加以说明，便于学生理解和掌握。

4. 本书在介绍FANUC和SIEMENS两个数控系统编程技术时，采用了对比的方法，有利于学生更好地掌握编程技术，同时使有一定FANUC系统编程技术基础的学生更轻松自如地学习西门子系统编程技术。本书中涉及的数控机床等设备配置均是企业普遍使用的通用装备，其适应性、实用性、可操作性强。

5. 本书内容力求既考虑广度和基础性，也注重实用性和通俗性，大量采用图、表形式呈现相关内容，语言通俗易懂，简洁精练，适合学生自主学习，便于理解和掌握。

6. 本书密切联系生产实际，合理地介绍了相关新知识、新技术、新方法和新工艺，为学生适应就业市场的变化和终身发展的需要打下了良好的基础。

7. 本书在每模块后通过二维码增加了拓展阅读内容，摘选来自学术期刊和新闻媒体的研究和新闻报道，帮助读者了解关于我国机床发展历程、数控刀具现状以及数控车、数控铣行业大国工匠的先进事迹。

8. 本书由江苏省和浙江省的一线教学骨干教师编写，这些教师既有扎实的理论基础，又有丰富的实践经验及指导学生参加国家技能大赛的经验。

本书由张萍、刘永富副教授担任主编，由宋浩、沈斌、张微担任副主编，钱志萍、徐小娟、吴文秀、柴俊参编。本书由赵光霞主审，并由本套系列教材组编葛金印终审。他们对本书均提出了许多宝贵的意见和建议，在此表示衷心感谢！

由于编者水平有限，书中难免存在疏漏和不当之处，敬请读者批评指正。

编　者

目录
CONTENTS

模块 1　数控机床概述 ·· **1**
　单元 1　数控机床的加工特点、适用范围及分类 ································· 1
　单元 2　数控机床的组成及其各部分作用 ·· 6
　单元 3　数控机床加工内容及其主要运动形式 ··································· 10
　单元 4　数控机床安全操作规程及其维护保养 ··································· 18
　单元 5　数控机床及其加工技术的发展趋势 ······································· 21
　思考与练习 ·· 22

模块 2　数控刀具 ··· **25**
　单元 1　常用数控车刀及其功用 ·· 25
　单元 2　常用数控铣刀（加工中心刀具）及其功用 ···························· 29
　单元 3　常用数控刀具材料 ·· 35
　单元 4　数控刀具的维护与保养 ·· 40
　思考与练习 ··· 43

模块 3　数控车削工艺与编程技术基础 ·· **45**
　单元 1　数控车削工艺的基本特点及主要内容 ··································· 45
　单元 2　数控车削工艺规程的制定 ·· 48
　单元 3　数控车削编程技术基础 ·· 59
　单元 4　典型零件加工工艺方案的制定及其程序的编制 ··················· 104
　思考与练习 ··· 132

模块4　数控铣床（加工中心）工艺与编程技术基础 …… **139**

单元1　数控铣削的工艺特点及其主要工艺内容 …… 139

单元2　数控铣削工艺规程的制定 …… 145

单元3　数控铣削编程技术基础 …… 147

单元4　典型零件加工工艺方案的制定及其程序的编制 …… 198

思考与练习 …… 209

参考文献 …… **216**

模块一

数控机床概述

近年来，随着我国制造业的迅猛发展，数控机床已成为现代制造企业中不可缺少的加工设备之一，特别是模具制造企业更离不开数控机床。数控技术是制造业实现自动化、柔性化、集成化生产的基础。数控技术应用水平的高低已成为表征一个国家、地区工业制造能力强弱的最重要的指标之一。以数控技术为主要标志的现代制造技术是美国、日本和欧洲等工业国家竞争的焦点。中国正积极采取各种有效措施，大力发展我国数控产业，目前，我国数控机床产值已跃居世界前列。

单元1 数控机床的加工特点、适用范围及分类

一、数控机床的加工特点及其适用范围

在现代化生产中，数控机床以其加工精度高、产品一致性好、生产效率高、劳动强度低、经济效益好和有利于生产管理现代化等特点被制造企业普遍认可并采用。

1. 数控机床的加工特点

(1) 加工精度高。数控机床的加工精度受许多因素的影响，其中主要受数控机床的定位精度、重复定位精度、加工工艺、刀具材料、工件材料及操作人员等因素的影响。目前数控机床可达到很高的传动精度、定位精度、重复定位精度和刚度，因此加工精度高。此外，数控机床通过对进给传动链的反向间隙等误差进行补偿，可获得比本身精度更高的加工精度。图1-1所示为在数控铣床上加工的相机模具零件之一。

(2) 产品一致性好。在同一台数控机床上加工同一批零件，在相同加工条件下，使用相同刀具和加工程序，刀具的走刀轨迹完全相同，零件的一致性好，质量稳定。

(3) 生产效率高。工件加工所需时间包括机动时间和辅助时间，而数控机床能有效地减少这两部分时间。在数控机床上一次装夹工件可进行多道工序的加工，尤其是加工中心，可进行多道工序的连续加工，因此生产效率高。

(4) 适于加工复杂形状零件。使用普通机床加工工件时，操作工人的实践经验和习惯决定了工件的加工质量，复杂形状和高精度的工件质量难以保证，并且很多复杂曲面的加工要求机床的三轴甚至四轴、五轴联动，如叶轮叶片、螺旋桨等复杂空间曲面零件的加

工，需要机床的五轴同时运动，而普通机床无法实现五轴联动，如图 1-2 所示。

图 1-1　模具零件

图 1-2　叶轮

（5）柔性好。当更换被加工零件时，不必改变机床设备，只要改变数控加工程序便可实现对另一种零件的加工，这也是数控机床加工与普通机床加工最大的不同之处。因此，数控机床不仅适用于中、小批量生产，更适用于新产品试制和多品种加工等生产场合，易于实现柔性制造系统（Flexible Manufacturing System，FMS）和计算机集成制造系统（Computer Integrated Marking System，CIMS）。随着国际竞争的加剧，各国都非常重视柔性制造技术和计算机集成制造技术。

（6）劳动强度低。数控设备的工作是按照预先编制好的加工程序自动连续完成的，操作者除输入加工程序或操作键盘、装卸工件、中间测量关键工序及观看设备的运行之外，加工中不需要进行烦琐、复杂的手工操作，这使工人的劳动条件得到大幅度改善。

（7）对数控编程员的要求高。数控加工时，许多在普通铣床上凭着操作工人的实践经验能够及时处理的工艺和技术问题，都需要数控编程员在编程之前全方位考虑，制定出合理、可行的数控加工工艺方案，并在此基础上正确地编写出数控加工程序。

（8）有利于生产管理现代化。采用数控机床能准确地计算产品单个工时，合理安排生产。数控机床使用数字信息与标准代码处理、传递信息，控制加工，为实现生产过程自动化创造了条件。特别是在数控机床上使用计算机控制，为计算机辅助设计、制造及管理一体化奠定了基础。

2. 数控机床的适用范围

（1）多品种、单件小批量生产的零件或新产品试制中的零件。

（2）普通机床很难加工的精密、复杂零件。

（3）精度及表面粗糙度要求高的零件。

（4）加工过程中需要进行多工序加工的零件。

（5）用普通机床加工时，需要昂贵工装设备（工具、夹具和模具）的零件。

二　数控机床的分类

自 1952 年世界上第一台数控机床问世至今，数控机床得到快速发展。目前数控机床的种类繁多，其结构和功能各不相同，通常按下述方法进行分类。

1. 按机床运动轨迹分类

按机床运动轨迹不同,数控机床可分为点位控制数控机床、直线控制数控机床和轮廓控制数控机床。

(1)点位控制数控机床。点位控制(Positioning Control)又称为点到点控制(Point to Point Control)。刀具从某一位置向另一位置移动时,不管中间的移动轨迹如何,只要刀具最后能正确到达目标位置,就称为点位控制。点位控制加工示意图如图1-3所示。

这类机床主要有数控坐标镗床、数控钻床、数控点焊机和数控折弯机等,其相应的数控装置称为点位控制数控装置。

(2)直线控制数控机床。直线控制(Straight Cut Control)又称平行切削控制(Parallel Cut Control)。这类控制除了控制点到点的准确位置之外,还要保证两点之间移动的轨迹是一条直线,而且对移动的速度也有控制,因为这一类机床在两点之间移动时要进行切削加工。直线控制加工示意图如图1-4所示。

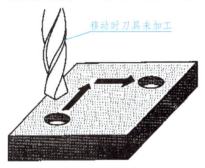

图1-3 点位控制加工示意图

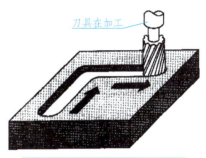

图1-4 直线控制加工示意图

这类机床主要有数控坐标车床、数控磨床和数控镗铣床等,其相应的数控装置称为直线控制数控装置。

(3)轮廓控制数控机床。轮廓控制又称连续控制,大多数数控机床具有轮廓控制功能。轮廓控制数控机床的特点是能同时控制两个以上的轴联动,具有插补功能。它不但要控制加工过程中的每一点的位置和刀具移动速度,而且要加工出任意形状的曲线或曲面。轮廓控制加工示意图如图1-5所示。

图1-5 轮廓控制加工示意图

属于轮廓控制机床的有数控坐标车床、数控铣床、加工中心等。其相应的数控装置称为轮廓控制数控装置。轮廓控制数控装置的结构比点位、直线控制数控装置的结构更复杂,功能更齐全。

2. 按伺服系统类型分类

按伺服系统类型不同,数控机床可分为开环控制伺服系统数控机床、闭环控制伺服系统数控机床和半闭环控制伺服系统数控机床。数控机床的控制方式及其主要特点见表1-1。

表 1-1 数控机床的控制方式及其主要特点

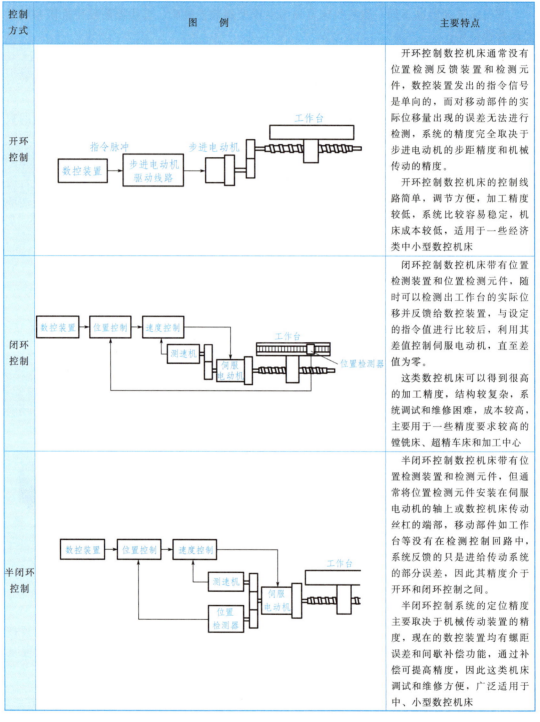

控制方式	图 例	主要特点
开环控制		开环控制数控机床通常没有位置检测反馈装置和检测元件，数控装置发出的指令信号是单向的，而对移动部件的实际位移量出现的误差无法进行检测，系统的精度完全取决于步进电动机的步距精度和机械传动的精度。 开环控制数控机床的控制线路简单，调节方便，加工精度较低，系统比较容易稳定，机床成本较低，适用于一些经济类中小型数控机床
闭环控制		闭环控制数控机床带有位置检测装置和位置检测元件，随时可以检测出工作台的实际位移并反馈给数控装置，与设定的指令值进行比较后，利用其差值控制伺服电动机，直至差值为零。 这类数控机床可以得到很高的加工精度，结构较复杂，系统调试和维修困难，成本较高，主要用于一些精度要求较高的镗铣床、超精车床和加工中心
半闭环控制		半闭环控制数控机床带有位置检测装置和检测元件，但通常将位置检测元件安装在伺服电动机的轴上或数控机床传动丝杠的端部，移动部件如工作台等没有在检测控制回路中，系统反馈的只是进给传动系统的部分误差，因此其精度介于开环和闭环控制之间。 半闭环控制系统的定位精度主要取决于机械传动装置的精度，现在的数控装置均有螺距误差和间歇补偿功能，通过补偿可提高精度，因此这类机床调试和维修方便，广泛适用于中、小型数控机床

3. 按工艺用途分类

按工艺用途不同，数控机床可分为金属切削类数控机床、金属成形类数控机床、特种数控机床和其他类型的数控机床。

(1)金属切削类数控机床。金属切削类数控机床包括数控车床、数控铣床、数控钻床、数控磨床、数控镗床、加工中心等。金属切削类数控机床发展最早,目前种类繁多,功能差异也较大。

(2)金属成形类数控机床。金属成形类数控机床包括数控折弯机、数控剪板机、数控弯管机、数控压力机和数控切割机等。

(3)特种数控机床。特种数控机床有数控电火花线切割机床、数控电火花成形机床、数控火焰切割机床和数控激光加工机床等。

(4)其他类型的数控机床。其他类型的数控机床有数控三坐标测量机床和数控装配机等。

4. 按数控系统功能水平分类

按数控系统的主要技术参数、功能指标和关键部件的功能水平不同,数控机床可分为低、中、高三个档次。

5. 按坐标联动轴数分类

数控机床的坐标联动轴数是指机床数控系统控制的坐标轴同时移动的数目。数控机床坐标联动轴数也是区分数控机床档次的标志之一。不同坐标联动轴数数控机床的功能特点见表1-2。

表 1-2 不同坐标联动轴数数控机床的功能特点

联动轴数	功能	加工特点	图例
两轴联动	数控机床在加工零件时,工作台可沿两个坐标轴方向同时运动,以实现对二维直线、斜线和圆弧等平面曲线的轨迹控制。普通数控车床通常采用两轴坐标联动	这种数控机床结构简单,操作方便,适于加工简单的轮廓结构,如车削回转类零件、铣削平面曲线和平面沟槽等	
两轴半联动	数控机床在加工零件时,工件先在某一个坐标平面内进行两个坐标轴方向的联动,然后沿第三个坐标轴方向做等距周期移动,如此反复,直到加工完毕	这种机床可以实现分层加工,适于加工简单的轮廓结构,如加工平面沟槽、台阶、平面型腔、平面凸轮、孔等	
三轴联动	数控机床在加工零件时,工件可以实现三个坐标轴的联动,如沿 X、Y、Z 三个方向联动	这种机床适于加工一般空间曲面轮廓,如加工型腔模具、实体上的螺旋槽等	

续表

联动轴数	功　能	加工特点	图　例
多轴联动	数控机床在加工零件时，工作台可以实现四个坐标轴、五个坐标轴甚至六个坐标轴的联动	这种机床适于加工结构复杂的空间曲面轮廓，如加工飞机叶片、螺旋桨等	

6. 按所用数控装置的构成分类

按所用数控装置的构成不同，数控机床可分为硬线（件）数控机床和软线（件）数控机床。

单元 2　数控机床的组成及其各部分作用

一、数控车床的主要组成及其各部分作用

数控车床的机械结构较普通车床的机械结构简化了许多。数控车床采用伺服电动机经滚珠丝杠传到滑板和刀架上，以实现 Z 向（纵向）和 X 向（横向）的进给运动。卧式数控车床的主要组成结构如图 1-6 所示。

图 1-6　卧式数控车床的主要组成结构

数控车床各组成部分的作用和说明见表 1-3。

单元2 数控机床的组成及其各部分作用

表 1-3 数控车床各组成部分的作用和说明

名 称	作用和说明	图 例
数控系统	数控系统是数控车床的控制中枢，其主要功能是数据存储与处理、实现数控车床运动的自动控制，是数控车床最重要的组成部分。目前，国内主流数控系统有国产华中系统和广数系统、日本的FANUC系统及德国的SI-EMENS系统等	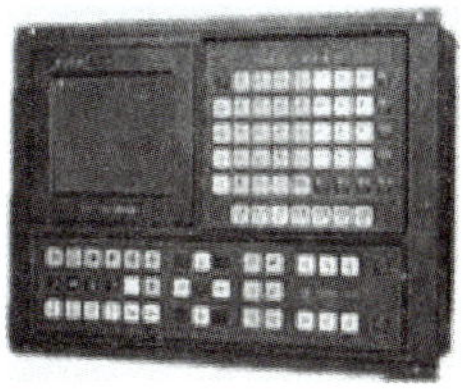
机床本体	机床本体是数控车床的基础机械结构之一，通常是指数控车床的机械结构，如床身、导轨、主运动和进给运动机械传动机构等，它是整个机床的基础和框架，用于完成各种切削加工	
主传动系统	主传动系统包括主轴、主轴箱和主轴传动系统。主传动系统的主要功能是负责数控车床的主轴转动，用于控制工件的旋转方向及其转速	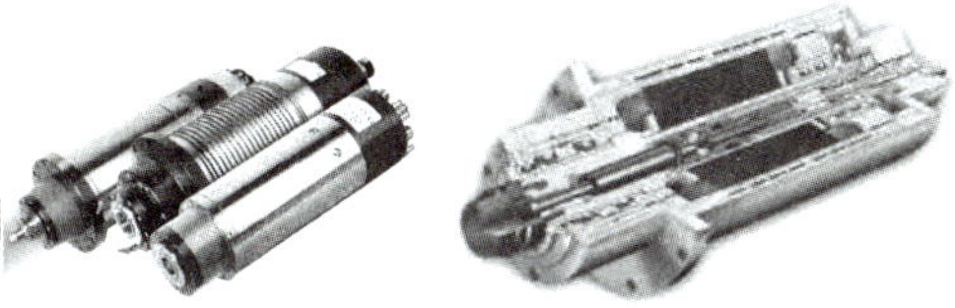 主轴
进给伺服驱动系统	进给伺服驱动系统由进给电机和进给驱动机构组成。伺服驱动系统的主要功能是接收数控系统发出的控制指令信号，控制执行部件的进给速度、方向和位移，以便加工出合格零件。进给驱动机构的精度主要由丝杠螺母副来保证	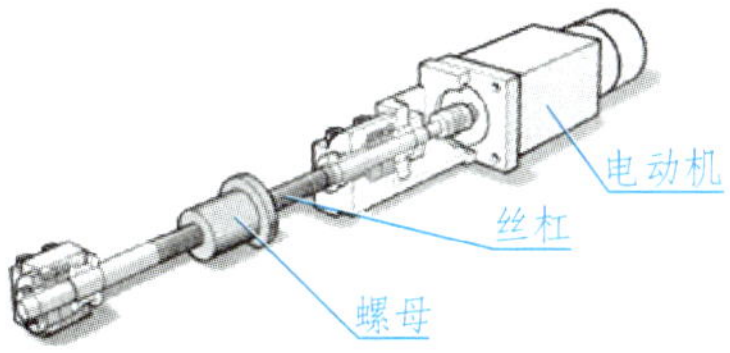 电动机 丝杠 螺母 进给伺服驱动装置
可编程控制器PLC	控制数控机床的辅助加工动作，如控制机床的顺序动作、定时计数、主轴电动机的启动和停止、主轴转速调整、冷却泵启停与转位换刀等动作。PLC具有响应快，性能可靠，易于使用、编程和修改的特点	
刀架	一般有四工位回转刀架、六工位回转刀架等，刀架位置与普通车床的刀架位置相同；还有安装在主轴对面的圆盘式可回转刀架，可安装8把、12把、16把及其以上的车刀	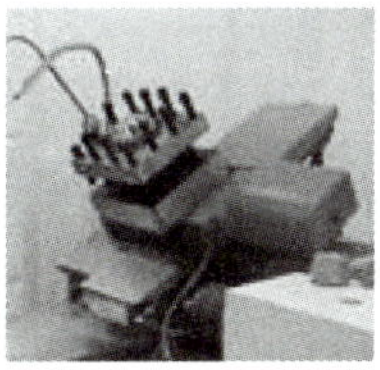 
尾座	尾座是数控车床的重要组成部分，可安装钻头，对工件进行钻孔加工，也可安装顶尖，用来支承工件。安装时要求尾座的轴线要与车床主轴轴线同轴	 

7

续表

名称	作用和说明	图例
辅助系统	辅助系统由冷却系统、液压气动系统、润滑系统和排屑系统等组成。其主要作用是负责协助数控车床完成数控加工任务	排屑器
检测反馈装置	位置检测元件是检测反馈装置的重要组成部分，用于闭环控制或半闭环控制数控机床中。目前有光栅尺、磁栅尺、旋转变压器、同步感应器等。其作用是随时可以检测出数控车床工作台的实际位移值，并经反馈装置输入到机床的数控系统中	光栅尺检测元件　旋转变压器检测元件

二、数控铣床的主要组成及其各部分作用

立式数控铣床的主要组成结构如图 1-7 所示。

图 1-7　立式数控铣床的主要组成结构

数控铣床各组成部分的作用与数控车床各组成部分的作用基本相同。

三、加工中心的主要组成及其各部分作用

自加工中心问世以来，世界各国出现了各种类型的加工中心。虽然这些加工中心在外形结构上各有差异，但总体来看，加工中心主要由基础部件、主轴部件、数控系统、自动

换刀系统等几大部分组成。下面以立式加工中心为例介绍加工中心的主要组成，图1-8所示为立式加工中心的主要组成结构。

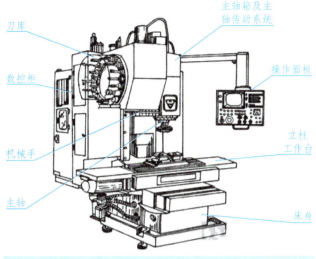

图1-8 立式加工中心的主要组成结构

1. 自动换刀系统

自动换刀系统由刀库、机械手等部件组成，如图1-9所示。

刀库换刀按换刀过程中有无机械手参与分为有机械手换刀和无机械手换刀两种情况。有机械手的系统在刀库配置、主轴的相对位置及刀具数量上都比较灵活，换刀时间短。无机械手方式结构简单，换刀时间较长。由于加工中心的自动换刀次数比较频繁，故对自动换刀装置的技术要求十分严格。加工中心常见刀库种类如图1-10所示。

图1-9 自动换刀系统

(a)

(b)

图1-10 加工中心常见刀库种类
(a)圆盘式刀库；(b)链式刀库

2. 刀具自动夹紧机构

刀具自动夹紧机构主要由液压缸、拉杆、拉杆端部的四个钢球、碟形弹簧和活塞等组成。加工中心换刀时，机械手执行换刀指令，从主轴拔刀。此时主轴需松开刀具，液压缸上腔通入压力油，在活塞、拉杆、碟形弹簧、钢球等的作用下，机械手顺利拔刀。之后，压缩空气进入活塞和拉杆的中间孔，吹净主轴锥孔，为装入新刀具做好准备。当机械手将下一把刀具插入主轴后，液压缸上腔回油，在碟形弹簧和弹簧的恢复力作用下，拉杆、钢球和活塞退回到指定位置，碟形弹簧的弹性力使刀具夹紧。

3. 自动交换工作台

为了提高机床利用率，可选择交换工作台，以便机床正常工作时，仍可在交换工作台上安装工件。例如，柔性制造单元（FMC）和柔性制造系统（FMS）必须使用自动交换工作台，以便于机床进入自动物流系统。

单元 3　数控机床加工内容及其主要运动形式

由于各种数控机床的结构及其运动形式不同，数控机床的切削内容也不尽相同。数控机床的运动形式决定了数控机床的切削内容。数控机床在切削过程中，刀具和工件的相对运动称为数控机床的切削运动。

数控机床的切削运动有不同的分类方法。按照切削运动在数控切削加工过程中所起的作用分类，切削运动可分为表面成形运动和辅助运动两大类，其中表面成形运动包括数控机床的主运动和进给运动；按照数控机床的运动形式分类，切削运动可分为直线运动和回转运动两种基本运动形式。

一、数控车床加工内容及其主要运动形式

数控车床主要用于加工轴类、盘类等回转体零件。通过数控加工程序的运行，可自动完成内外圆柱面、圆锥面、螺纹、端面、台阶面和成形表面等工序的切削加工，并能进行车槽、钻孔、扩孔、铰孔和镗孔等工作。车削中心可在一次装夹中完成多道加工工序，提高加工精度和生产效率，特别适合于复杂形状回转类零件的加工。数控车床还有数控凸轮车床、数控曲轴车床、数控螺纹车床、数控活塞车床和数控丝杠车床等专用和特种机床。

一般情况下，在数控车床上车削外圆柱面时，切削运动共有六种，如图 1-11 所示。其中，运动Ⅰ是工件的运动，运动Ⅱ～运动Ⅵ是车刀的运动，车刀从运动Ⅱ开始依次运动，直到完成运动Ⅵ。工件的旋转运动Ⅰ和车刀的纵向直线移动Ⅴ是形成圆柱外表面的成形运动，它对被加工表面的精度和表面粗糙度有着直接的影响。工件的旋转运动Ⅰ是数控车床的主运动，车刀的纵向直线移动Ⅴ是数控车床的进给运动。车刀的纵向快速进刀运动Ⅱ、横向快速进刀运动Ⅲ、横向快速退刀运动Ⅴ、纵向快速退刀运动Ⅵ都是数控车床的辅

助运动。一般情况下，数控车床的辅助运动比进给运动速度大。

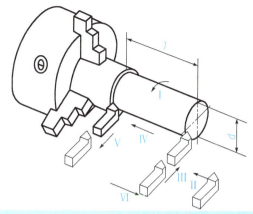

图 1-11　车削外圆柱面的切削

Ⅰ、Ⅳ—表面成形运动；Ⅱ、Ⅲ—快速进刀运动；Ⅴ、Ⅵ—快速退刀运动

数控车的床加工范围很广，其加工的基本内容及其主要运动形式见表 1-4。

表 1-4　数控车床加工的基本内容及其主要运动形式

车削内容	图　　例	表面成形运动
车外圆柱面		车削外圆时，工件的旋转运动 v 是主运动，车刀的纵向直线移动 f 是进给运动
车外圆锥面		车削锥面时，工件的旋转运动 v 是主运动，车刀的斜向直线移动 f 是进给运动
车端面		车削端面时，工件的旋转运动 v 是主运动，车刀的径向（横向）直线移动 f 是进给运动

续表

车削内容	图　例	表面成形运动
车外螺纹		车削螺纹时，工件的旋转运动 v 是主运动，螺纹车刀的纵向直线移动 f 是进给运动
车外沟槽		车外沟槽时，工件的旋转运动 v 是主运动，车槽刀的径向（横向）直线移动 f 是进给运动
钻孔		钻孔时，工件的旋转运动 v 是主运动，麻花钻的轴向（纵向）直线移动 f 是进给运动
钻中心孔		钻中心孔时，工件的旋转运动 v 是主运动，中心钻的轴向（纵向）直线移动 f 是进给运动
铰孔		铰孔时，工件的旋转运动 v 是主运动，铰刀的轴向（纵向）直线移动 f 是进给运动
镗孔		镗孔时，工件的旋转运动 v 是主运动，镗孔车刀的轴向（纵向）直线移动 f 是进给运动

续表

车削内容	图例	表面成形运动
攻丝（加工内螺纹）		攻螺纹时，工件的旋转运动 v 是主运动，丝锥的轴向(纵向)直线移动 f 是进给运动
车成形面		车削回转成形曲面时，工件的旋转运动 v 是主运动，车刀的纵向直线移动 f_1 和横向直线移动 f_2 都是进给运动

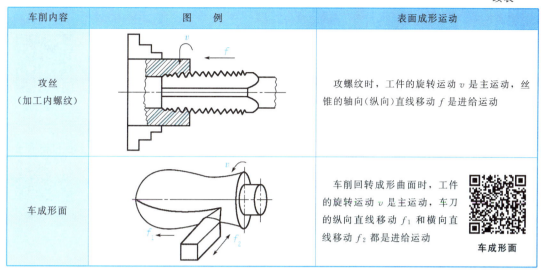

车成形面

二、数控铣床加工内容及其铣削方式

1. 数控铣床加工内容及其运动形式

数控铣床(加工中心)主要用于加工箱体、泵体、阀体、壳体和机架等零件。数控铣削加工的主要特点是用多刀刃的刀具进行切削，因此生产效率较高。数控铣床(加工中心)能够铣削各种平面、台阶面、各种沟槽(包括矩形槽、半圆槽、T形槽、燕尾槽、键槽、螺旋槽及各种成形槽)、各种成形面及切断面等，除此之外还可以进行钻孔、铰孔、铣孔和镗孔等。数控铣床加工的基本内容及其主要运动形式见表1-5。

表1-5 数控铣床加工的基本内容及其主要运动形式

铣削内容	图例	表面成形运动
铣平面	端铣 周铣	铣削平面时，铣刀的旋转运动 v 是主运动，工件的直线移动 f 是进给运动。 端铣是指用铣刀的端面刃铣削平面；周铣是指用铣刀圆周表面上的刃铣削平面

铣平面

续表

铣削内容	图　例	表面成形运动	
铣台阶面		铣削台阶面时，铣刀的旋转运动 v 是主运动，工件的直线移动 f 是进给运动	铣台阶面
铣矩形槽		铣矩形槽时，铣刀的旋转运动 v 是主运动，工件的直线移动 f 是进给运动	铣矩形槽
铣键槽		铣键槽时，铣刀的旋转运动 v 是主运动，工件的轴向运动 f 是进给运动	铣键槽
铣T型槽		铣T形槽时，铣刀的旋转运动 v 是主运动，工件的直线移动 f 是进给运动	铣T型槽
铣螺旋槽		铣螺旋槽时，铣刀的旋转运动 v 是主运动，工件的螺旋运动 f 是进给运动（可分解为轴向和径向两种运动）	铣螺旋槽

续表

铣削内容	图例	表面成形运动	
铣半圆槽		铣半圆槽时，铣刀的旋转运动 v 是主运动，工件的直线移动 f 是进给运动	铣半圆槽
钻孔		在数控铣床上钻孔时，钻刀做旋转运动的同时做直线移动。钻刀的旋转运动 v 是主运动，直线移动 f 是进给运动	钻孔
镗孔		在数控铣床上镗孔时，镗刀做旋转运动的同时做直线移动。镗刀的旋转运动 v 是主运动，直线移动 f 是进给运动	镗孔
铣孔		在数控铣床上铣孔时，铣刀做旋转运动的同时做直线移动。铣刀的自转运动 v 是主运动，直线移动 f_1 和圆弧移动 f_2 均是进给运动	铣孔
切断		切断时，铣刀的旋转运动 v 是主运动，工件的直线移动 f 是进给运动	

续表

铣削内容	图例	表面成形运动
铣齿轮		铣直齿圆柱齿轮时，铣刀的旋转运动 v 是主运动，齿轮的轴向移动 f 是进给运动

加工中心与数控铣床相比，相当于在数控铣床上安装了一个自动换刀装置和刀库，能实现加工中心的自动换刀功能，其特点是工件一次装夹可完成多道工序。加工中心的结构除了常见的卧式、立式、单柱式、双柱（龙门）式外，还有单工作台、多工作台及复合（五面）加工中心等。为了进一步提高生产效率，有的加工中心使用双工作台，一面加工，另一面装卸，且工作台可以自动交换。

数控铣床（加工中心）以其加工范围广、加工质量好、加工效率高、适于加工形状复杂的结构而得到越来越广泛的应用。

2. 数控铣床（加工中心）的铣削方式

（1）圆周铣。圆周铣又称周铣，是一种利用分布在铣刀圆柱面上的刀刃来铣削平面的铣削方式。圆周铣削有两种铣削方式：逆铣和顺铣。

铣刀与工件接触处的旋转方向 v_c 和工件的进给方向 v_f 相同时称为顺铣；反之，铣刀与工件接触处的旋转方向 v_c 和工件的进给方向 v_f 相反时称为逆铣，如图 1-12 所示。

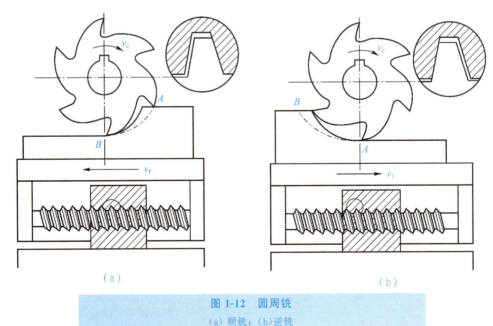

图 1-12 圆周铣
(a) 顺铣；(b) 逆铣

单元 3　数控机床加工内容及其主要运动形式

顺铣的特点： ➡ 在铣削过程中（图 1-12(a)中 AB 曲线段），铣刀对工件作用力在垂直方向的分力始终向下，对工件起压紧作用，因此铣削时较平稳，适合于加工薄板工件和不易夹紧的工件；顺铣时，切削厚度从最大逐渐减小，最后变为零，铣刀后面与工件已加工表面的挤压和摩擦小，刀刃磨损较慢，因此加工出的工件表面质量较高；顺铣时，当数控铣床进给丝杠与螺母之间的间隙较大及轴承的轴向间隙较大时，铣床工作台受铣刀作用力的作用而易产生制动跳动，导致铣刀刀齿折断等，但目前大部分数控机床一般均有丝杠、螺母传动副的间隙调整机构，可弥补上述缺陷，因此在铣削薄或不易夹紧的工件及精加工时，一般采用顺铣。

逆铣的特点： ➡ 在铣削过程中（图 1-12(b)中 AB 曲线段），数控铣床进给丝杠与螺母之间的间隙及轴承的轴向间隙很小甚至没有间隙，铣削时，铣床工作台不会因铣刀作用力的作用而产生制动跳动，铣削平稳可靠，因此可加大铣削量。逆铣时，铣刀对工件作用力在垂直方向的分力始终向上，有抬起工件的趋势，因此铣削时要对工件施以较大的夹紧力；逆刀切入时，铣刀后面与工件表面的挤压、摩擦相对严重，而且工件加工表面易产生硬化层，降低工件表面的加工质量，因此粗加工时，一般采用逆铣。

　　通常周铣时，为了使工件被加工表面获得较小的表面粗糙度值，工件的进给速度慢一些，铣刀的转速增大一些。

　　(2)端铣。在端铣时，根据铣刀相对于工件安装位置不同，也可分为逆铣和顺铣。当铣刀相对于工件对称安装时，称为对称端铣，如图 1-13(a)所示；当铣刀相对于工件不对称安装时，在铣刀接触工件的一侧，若铣刀的旋转方向和工件的进给方向相反则称为不对称逆铣，如图 1-13(b)所示；若铣刀的旋转方向和工件的进给方向相同则称为不对称顺铣，如图 1-13(c)所示。

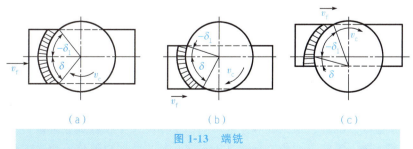

图 1-13　端铣
(a)对称端铣；(b)不对称逆铣；(c)不对称顺铣

端铣时一般不采用不对称顺铣,因为铣削时,顺铣部分占的比例较大,铣刀各刀齿的铣削力在进给方向上合力的方向与进给方向相同,使工件和工作台发生制动跳动;而不对称逆铣时,铣刀各刀齿的铣削力在进给方向上合力的方向与进给方向相反,铣刀不会拉动工作台一起运动,且刀刃切入工件时切屑厚度虽由薄到厚但不为零,冲击小,振动较小,因此端铣时应采取不对称逆铣。对称铣削只在铣削宽度接近铣刀直径时采用。

3. 圆周铣与端铣的比较

(1)周铣时,为避免接刀痕,通常工件被加工表面的宽度要小于圆柱形铣刀的长度,但每次周铣可切除较大的铣削层深度;端铣刀的直径较大,能一次性铣出较宽的表面,但通常每次切除的铣削层深度较小。

(2)在相同的铣削层宽度、深度和每齿进给量的条件下,如端铣刀不采用修光刃和高速铣削等措施,一般端铣比周铣获得的表面粗糙度值大。

(3)端铣刀适宜高速铣削和强力铣削;周铣刀若采用机夹可转位刀片,则也可进行高速铣削。

单元4 数控机床安全操作规程及其维护保养

一、数控机床安全操作规程

学习数控加工工艺与编程技术的目的是为了加工合格零件。数控机床的操作是能加工出合格零件的手段和途径,而学生往往操作安全意识淡薄,缺乏自我保护和处理意外情况的能力,这是在操作过程中引发事故的直接重要原因,因此实训教师有必要通过一些反面案例(图片、视频等),使学生反思、警醒,提高学生的安全意识和责任意识,养成良好的职业习惯和素养。作为一名未来的工程技术人员要有责任担当,既要安全生产也能生产出优质产品。为了正确合理地使用数控机床,保证数控机床正常运转,必须严格遵守数控机床安全操作规程,其具体内容如下。

1. 开机前应当遵守的操作规程

开机前,应当遵守以下操作规程。

(1)进入车间之前要穿工作服,系好扣子,衣服下摆和袖口要系紧,工作服里面的衣服要全部系入腰带中。

(2)戴防护眼镜,头部与工件不能靠得太近。注意,手、身体和衣服不要靠近回转中的机件。

(3)女工要戴好安全帽,将头发全部放入安全帽中,以防头发卷入机床转动部分。

(4)禁止穿拖鞋、凉鞋、高跟鞋等进入车间;工作时应穿胶鞋或旅游鞋。

(5)禁止戴项链、手链、戒指等首饰进入车间;禁止戴围巾等装饰物进入车间。

(6)开机前详细阅读机床的使用说明书,熟悉机床的性能、结构及其传动原理。

(7)操作前必须熟悉机床操作面板,掌握机床操作程序,熟知每个按钮的作用及操作注意事项,注意机床各个部位警示牌上所警示的内容,以免发生安全事故。

(8)开机前,全面检查机床电气控制系统、润滑系统等是否正常,按照机床说明书要求加装润滑油、液压油、切削液等。

(9)检查机床的工、量、刃具是否摆放整齐、便于拿放。

(10)检查工件、夹具及刀具是否已夹持牢固,开慢车空转 3~5min,检查各传动部件是否正常,一切正常后才可使用。

♂ 2. 加工操作中应当遵守的操作规程

在加工操作中,应当遵守以下操作规程。

(1)应文明生产,禁止在车间打闹、喧哗、睡觉和任意离开岗位。加工时要精力集中,避免疲劳操作。机床开动时,严禁在机床间穿梭。

(2)加工过程中,操作者不得离开机床,应时刻观察机床的运行状态。当发生不正常现象或事故时,应立即停车,并报告指导老师,不得进行其他操作。

(3)检查工件和刀具是否夹装正确、可靠;在刀具装夹完毕后,先采用手动方式试切。

(4)未经允许,不得乱动其他机床设备、工具或电器开关等。

(5)机床运转中,严禁改变加工参数、换刀、装卸或测量工件。当改变加工参数、换刀、装卸或测量工件时,必须保证机床完全停止,开关处于 OFF 位置。

(6)加工零件时必须关上防护门,不准把头、手伸入防护门内,加工中不允许打开防护门。

(7)操作人员不得随意更改机床内部参数;实习学生不得调用、修改其他非自己所编的程序。未经指导教师确认程序正确,不许操作机床。程序调试完成后,必须经指导老师同意方可按步骤操作。

(8)严禁用力拍打控制面板;严禁敲击工作台、分度头、夹具和导轨等机床零部件。

(9)机床在通电状态时,操作者不能打开和接触机床上示有闪电符号的、装有强电装置的部位,以防被电击伤。

(10)机床运转过程中,不得清除切屑。要使用铁钩、毛刷等专用清除工具清除切屑,以免被切屑划伤。

(11)避免用手接触机床运动部件。

(12)打雷时严禁开机床。因为雷击时的瞬时高电压和大电流易冲击机床,很有可能烧坏模块或丢失、改变数据,造成不必要的损失。

(13)操作机床或测量工件时不得戴手套,以免将手套卷入转动的工件和铣刀。必须在机床停止状态下测量工件。

♂ 3. 工作结束后应当遵守的操作规程

工作结束后,应当遵守以下操作规程。

(1)如实填写好交接班记录,发现问题要及时反映。

(2)做好机床日常维护保养工作。

(3)注意保持机床及控制设备的清洁,清扫干净工作场地,擦拭干净机床。

(4)检查润滑油、切削液的状态,及时添加或更换。

(5)检查工、量、刃具是否摆放在正确的位置上。确认机床上无扳手、楔子等工具,填写设备使用记录。

（6）工作结束后，应切断系统电源，使开关处于 OFF 位置，关好门窗后才能离开。

二、数控机床的维护保养

机床的正确使用和精心维护保养是数控设备管理的重要环节。数控机床使用精度的保持和寿命的长短，在很大程度上取决于数控机床的正确使用和维护保养。

（1）数控机床的使用环境。

①避免阳光的直射和其他辐射；

②避免太潮湿或粉尘过多，保持清洁、干燥；

③避免有腐蚀气体；

④要保持周围无振动，远离振动大的设备；

⑤尽可能保持恒温；

⑥允许电源在±10%内波动；

⑦数控机床不宜长期封存不使用。对于长期不使用的数控机床，每周应通电 1~2 次，每次空运行 1h 左右。

（2）数控机床的维护保养包括数控系统的维护保养、机床本体的维护保养、电力驱动系统的维护保养、液压气动系统的维护保养和整机的维护保养等，通常有日保养、周保养、月保养和年保养等。

数控车床主要的日常维护保养内容见表 1-6。

表 1-6　数控车床主要的日常维护保养内容

序号	检查周期	检查部位	检查内容
1	每天	导轨润滑机构	油标、润滑泵，每天使用前手动打油润滑导轨
2	每天	导轨	清理切屑及脏物，检查滑动导轨有无划痕，以及滚动导轨的润滑情况
3	每天	液压系统	油箱泵有无异常噪声，工作油面高度是否合适，压力表指示是否正常，有无泄漏
4	每天	主轴润滑油箱	油量、油质、温度，有无泄漏
5	每天	液压平衡系统	工作是否正常
6	每天	气源自动分水过滤器自动干燥器	及时清理分水器中过滤出的水分，检查压力
7	每天	电器箱的散热、通风装置	冷却风扇工作是否正常，过滤器有无堵塞，及时清洗过滤器
8	每天	各种防护罩	有无松动、漏水，特别是导轨防护装置
9	每天	机床液压系统	液压泵有无噪声，压力表示数接头有无松动，油面是否正常
10	每周	空气过滤器	坚持每周清洗一次，保持无尘、通畅，发现损坏及时更换
11	每周	各电气柜过滤网	清洗黏附的尘土
12	半年	滚珠丝杠	清洗丝杠上的旧润滑脂，更换新润滑脂

续表

序号	检查周期	检查部位	检查内容
13	半年	液压油路	清洗各类阀、过滤器,清洗油箱底,换油
14	半年	主轴润滑箱	清洗过滤器、油箱,更换润滑油
15	半年	各轴导轨上镶条,压紧滚轮	按说明书要求调整松紧状态
16	一年	检查和更换电机碳刷	检查换向器表面,去除毛刺,吹净碳粉,及时更换磨损严重的碳刷
17	一年	冷却油泵过滤器	清洗冷却油池,更换过滤器
18	不定期	主轴电动机冷却风扇	除尘,清理异物
19	不定期	运屑器	清理切屑,检查是否卡住
20	不定期	电源	供电网络大修,停电后检查电源的相序、电压
21	不定期	电动机传动带	调整传动带松紧
22	不定期	刀库	检查刀库定位情况,以及机械手相对主轴的位置
23	不定期	切削液箱	随时检查液面高度,及时添加切削液,太脏应及时更换

单元5 数控机床及其加工技术的发展趋势

我国从1958年开始,由一批科研院所、高等学校和少数机床厂起步进行数控系统的研制和开发。由于受到技术水平及经济等因素的制约,未能取得较大发展。改革开放后,我国数控技术才逐步取得实质性的发展。经过"六五"的引进国外技术,"七五"的消化吸收和"八五"国家组织的科技攻关,才使得我国的数控技术有了质的飞跃。"九五"以后国家启动机床市场的投资项目,重点支持关键数控系统、设备、技术攻关,极大地促进了数控设备的生产,尤其是在1999年以后,国家向国防工业及关键民用工业部门投入大量技改资金,繁荣了数控设备制造市场。截至2005年底,我国机床工业总产值达到547.4亿,增长了24.5%。到"十五"末我国机床产值超过美国、意大利成为世界第三机床生产国,我国机床出口值逐年增长。2005年我国金属加工机床出口值是2001年的2.83倍。发展重点转向大型、精密、高速数控装备和数控系统及功能部件,改变了多年来大型、高精度数控机床大部分依赖进口的现状。高精度、高速度、高柔性、多功能、网络化、高自动化、高智能化、集成化和开放性成为我国未来数控机床发展的方向。

从数控机床的技术水平看,高精度、高速度、高柔性、多功能、网络化、高自动化、高智能化、集成化和开放性是当今数控机床行业的主要发展趋势。在当今时代,国际合作日趋形成,产品竞争日趋激烈,用户的个性化要求日趋强烈,专业化、专用化、高科技的数控机床及高效率、高精度的加工手段越来越得到用户的青睐。对单台主机不仅要求提高其柔性和自动化程度,而且要求具有更高层次的柔性制造系统和计算机集成系统的适应能力。我国国产数控设备的主轴转速已达10 000~40 000r/min,进给速度达到30~60m/min,换刀时间不足2.0s。

在数控系统方面，目前世界上几个著名的数控装置生产厂家，诸如日本的 FANUC 公司、德国的 SIEMENS 公司和美国的 A－B 公司，其产品都在向系列化、模块化、高性能和成套性方向发展。数控系统都采用了 16 位和 32 位微处理器，机床分辨率可达 $0.1\mu m$，高速进给速度可达 100m/min，控制轴数可达 16 个，并采用先进的电装工艺。

在加工精度方面，数控机床的加工精度从微米级提高到亚微米级，甚至纳米级，表面粗糙度 Ra 可达 $0.008\mu m$ 甚至更小值。

在数控机床智能化方面，追求智能编程、智能操作、智能监控、智能诊断、智能检测、智能排除常见一般故障等。

在柔性化、集成化方面，柔性制造技术及其柔性制造系统是制造业适应动态市场需求及产品迅速更新的主要手段，是各国制造业发展的主流趋势，是先进制造领域的基础技术。

新一代数控系统的开发核心是开放性。开放性体现在软件平台和硬件平台的开放式系统上，采用模块化、层次化的结构，并向外提供统一的应用程序接口。

网络化数控装备是近几年的一个新的焦点。数控装备的网络化将极大地满足生产线、制造系统、制造企业对信息集成的需求，也是实现新的制造模式（如敏捷制造、虚拟企业、全球制造）的基础单元。

思考与练习

一、填空题

1. 数控机床按伺服系统类型分为_____、_____和_____三类。
2. 数控机床按机床运动轨迹不同，可分为_____、_____、_____数控机床。
3. 数控车床主要用于加工_____、_____等_____零件。
4. 数控机床按其工艺用途分为_____、_____、_____、_____。
5. 在现代化生产中，数控机床以其_____、_____、_____和_____等特点被制造企业普遍认可并采用。
6. 数控机床在加工零件时，工件先在某一个坐标平面内进行两个坐标轴方向的联动，然后沿第三个坐标轴方向做等距周期移动，这种坐标联动方式称为_____联动。
7. 数控车床通过数控加工程序的运行，可自动完成_____、_____、_____、_____、_____等工序的切削加工，并能进行_____、_____、_____、_____等工作。
8. 数控铣床（加工中心）主要用于加工_____、_____等零件。
9. 数控铣床（加工中心）能够铣削各种_____、_____等，除此之外还可以进行_____、_____、_____等工作。
10. 铣刀与工件接触处的旋转方向 v_c 和工件的进给方向 v_f 相同时称为_____；反之，铣刀与工件接触处的旋转方向 v_c 和工件的进给方向 v_f 相反时称为_____。

二、判断题

1. 在开环和半闭环数控机床上，定位精度主要取决于进给丝杠的精度。　　　（　　）

2. 数控机床按工艺用途，可分为数控切削机床、数控电加工机床、数控测量机三类。
（　　）

3. 数控车床一般是三轴联动或多轴联动数控机床。（　　）

4. 把终端机械执行部件实际位置信息反馈到数控装置中，与输入指令比较是否有差值，再用这个差值去控制进给量，从而实现终端机械执行部件准确定位的数控机床，称为开环控制数控机床。（　　）

5. 数控铣床主要用于加工轴类和盘类零件。（　　）

三、选择题

1. 闭环控制系统的反馈装置安装在（　　）。
   A. 传动丝杠上　　B. 电机轴上　　C. 机床工作台上　　D. 减速器上

2. 数控机床指的是（　　）。
   A. 装有PLC(可编程序逻辑控制器)的专用机床
   B. 加工中心
   C. 采用数控技术实现控制的机床
   D. 带有坐标轴位置显示的机床

3. 开环控制是一种（　　）控制方法，它采用的控制对象、执行机构多半是（　　）。
   A. 无位置反馈　　B. 有位置反馈　　C. 步进电机　　D. 伺服电机

4. 加工中心与数控铣床的主要区别是（　　）。
   A. 数控系统复杂程度不同　　　　B. 机床精度不同
   C. 有无自动换刀系统　　　　　　D. 有无自适应控制系统

5. 把终端机械执行部件实际位置信息反馈到数控装置中，与输入指令比较是否有差值，再用这个差值去控制进给量，从而实现终端机械执行部件准确定位的数控机床，称为（　　）。
   A. 半闭环控制数控机床　　　　　B. 开环控制数控机床
   C. 闭环控制数控机床　　　　　　D. 以上均不对

6. 按伺服系统类型分类，数控机床分为开环控制数控机床、（　　）、闭环控制数控机床。
   A. 点位控制数控机床　　　　　　B. 直线控制数控机床
   C. 半闭环控制数控机床　　　　　D. 轮廓控制数控机床

7. 金属切削加工中切削液的作用是（　　）。
   A. 冷却作用　　B. 润滑作用　　C. 清洗作用　　D. 以上都是

8. 数控车床每天要做的日常维护保养检查部位为（　　）。
   A. 导轨、油标、润滑泵、油箱泵
   B. 各种防护罩
   C. 气源分水器、电器箱的散热、通风装置
   D. 以上三者都有

9. 从当今数控机床行业的主要发展趋势看，数控机床的技术水平向着（　　）方向发展。
   A. 高精度、高速度、高柔性、多功能、网络化、高自动化、高智能化、集成化
   B. 高精度、高速度、高柔性、多功能、网络化、高自动化、高智能化、集成化和开放性

C. 个性化、专业化、专用化、高科技、高效率、高精度

D. 多功能、网络化、高自动化、高智能化、集成化和开放性

四、简答题

1. 与普通机床相比，数控机床有哪些加工特点？
2. 数控机床适于加工哪些零件？
3. 数控机床有哪些种类？常用的分类方式有哪些？
4. 数控机床由哪几部分组成？各部分在加工中起什么作用？
5. 试述数控车床加工的基本内容及其主要运动形式。
6. 试述数控铣床加工的基本内容及其主要运动形式。
7. 操作数控机床时，应注意哪些问题？
8. 试述数控机床及其加工技术的发展趋势。
9. 试比较圆周铣的顺铣和逆铣的特点。

五、观看央视大型专题节目"智慧中国""大国重器"等内容，了解我国制造业发展的现状，并完成200字以上的观后感。

细数中国机床
的第一次

模块二

数控刀具

单元1　常用数控车刀及其功用

数控刀具是数控加工中用于切削工件的工具，又称切削工具。数控刀具的选择原则是数控加工工艺的重要内容之一。

一、数控车刀的类型

在数控车床上使用的刀具种类繁多，按车削功能不同，主要有外圆车刀、钻头、镗刀、切断刀、螺纹加工刀具等。

根据车刀刀头与刀体的连接方式不同，车刀按结构可分为四种类型，分别为整体式、焊接式、机夹式及可转位式，如图2-1所示。目前在数控加工中已广泛使用可转位机夹式车刀，但考虑到加工成本等因素，数控加工中也仍会采用整体式、焊接式及机夹式车刀。

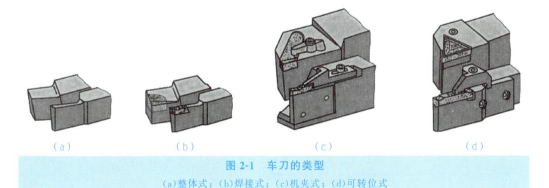

图2-1　车刀的类型
(a) 整体式；(b) 焊接式；(c) 机夹式；(d) 可转位式

1. 整体式车刀

整体式车刀是将高速钢的刀坯，经过磨削变成切刀所形成的车刀，刀头和刀体是一个整体，如图2-2所示。因高速钢易于磨出锋利的切削刃，所以其可以磨削成各种车刀。

图 2-2 整体式车刀

整体式车刀的优点是其具有强度高、韧性好、刃磨性好及优良工艺性等方面的综合性能，并能承受较大冲击力，可以加工有色金属。

2. 焊接式车刀

焊接式车刀是将具有一定形状的硬质合金刀片，用纯铜或其他焊料钎焊在普通结构钢或铸铁刀杆上而成的。焊接式车刀类型如图 2-3，其对应名称见表 2-1 所示。

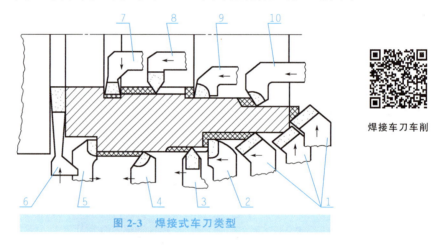

图 2-3 焊接式车刀类型

焊接车刀车削

表 2-1 焊接式车刀名称

序号	1	2	3	4	5	6	7	8	9	10
名称	45°弯头车刀	90°外圆车刀	外螺纹车刀	75°外圆车刀	90°左外圆车刀	车槽刀	内孔车槽刀	内螺纹车刀	盲孔车刀	通孔车刀

焊接式车刀的优点是结构简单、紧凑，刚性好、抗振性强，制造、刃磨方便，使用灵活。缺点是刀片经过高温焊接，强度、硬度降低，切削性能下降；刀片材料产生内应力，容易出现裂纹等缺陷；刀柄不能重复使用，浪费原材料。

3. 机夹式车刀

机夹式车刀是将刀片用机械夹持方法固定在刀杆上，刀片用钝后可磨刀片，以获得新刃的一种车刀。

机夹式车刀的刀片不经过高温焊接，可避免因高温焊接而引起的刀片硬度下降和产生裂纹等缺陷,故提高了刀具寿命,并且刀柄可多次重复使用。

4. 可转位式车刀

可转位式车刀又称为机夹不重磨车刀,采用机械夹固的方法将可转位刀片夹紧并固定在刀杆上,刀片上有多个切削刃,当一个切削刃车钝后不需要重磨,只要将刀片转过一个角度后,即可用新的切削刃继续切削,从而大大缩短了磨刀和换刀时间,提高了生产效率。其结构如图 2-4 所示。

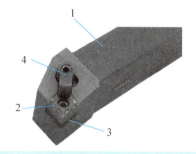

图 2-4　可转位车刀结构
1—刀杆;2—刀片;3—刀垫;4—夹紧元件

可转位式车刀的具体要求和特点见表 2-2。

表 2-2　可转位式车刀的具体要求和特点

要　　求	特　　点
精度高	采用 M 级或更高精度等级的刀片; 多采用精密级的刀杆; 用带微调装置的刀杆在机外预调好
可靠性高	采用断屑可靠性高的断屑槽型或有断屑台和断屑器的车刀; 采用结构可靠的车刀,采用复合式夹紧结构和夹紧可靠的其他结构
换刀快	采用车削工具系统; 采用快换小刀夹

常见可转位式车刀的类型见表 2-3。

表 2-3　常见可转位式车刀的类型

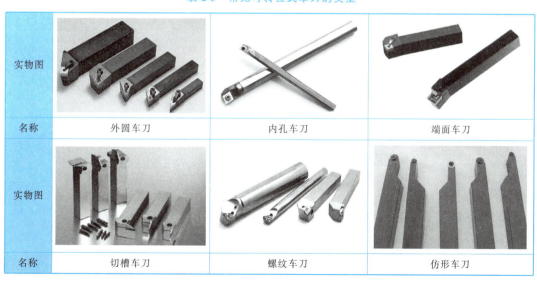

实物图			
名称	外圆车刀	内孔车刀	端面车刀
实物图			
名称	切槽车刀	螺纹车刀	仿形车刀

为了使刀具能达到良好的切削性能,对刀片的夹紧方式有如下基本要求。
(1)夹紧可靠,不允许刀片松动或移动。
(2)定位准确,确保定位精度和重复精度。

(3)排屑流畅,有足够的排屑空间。

(4)结构简单,操作方便,制造成本低,转位动作快,缩短换刀时间。

二、常用数控车刀的选用

数控车刀主要根据加工工艺的具体情况而选定,一般要选通用性较高,且在同一刀片上切削刃较多的刀片。粗车时,选较大尺寸的;半精车、精车时,选较小尺寸的。

1. 刀片形状

按照国标 GB/T 2076—1987,机夹可转位刀片可分为带圆孔、带沉孔及无孔三大类;形状有三角形、正方形、五边形、六边形、圆形及菱形等共 17 种。常见机夹转位刀片的类型见表 2-4。

表 2-4 常见机夹可转位刀片的类型

代号	形状说明	刀尖角	示意图	代号	形状说明	刀尖角	示意图
H	正六边形	120°		C	菱形	80°	
				D		55°	
				E		75°	
O	正八边形	35°		M		86°	
				V		35°	
P	正五边形	108°		W	等边不等角六边形	80°	
S	正方形	90°		L	矩形	90°	
T	正三角形	60°		A	平行四边形	85°	
				B		82°	
				K		55°	
R	圆形	—		F	不等边不等角六边形	82°	

2. 刀片选用参数

根据表 2-4,其主要参数选择方法如下。

(1)刀尖角。刀尖角的大小决定了刀片的强度。在工件结构形状和系统刚性允许的前提下,应选择尽可能大的刀尖角。通常刀尖角为 35°~90°。

(2)刀片形状的选择。正三角形刀片可用于主偏角为 60°或 90°的外圆车刀、端面车刀和内孔车刀。由于此刀片刀尖角小、强度差、耐用度低,故只宜用较小的切削用量。

正方形刀片的刀尖角为 90°,比正三角形刀片的 60°要大,因此其强度和散热性能均有所提高。这种刀片的通用性较好,主要用于主偏角为 45°、60°、75°等的外圆车刀、端面车刀和镗孔刀。

正五边形刀片的刀尖角为 108°，其强度、耐用度高，散热面积大，但切削时径向力大，只宜在加工系统刚性较好的情况下使用。

菱形刀片和圆形刀片主要用于成形表面和圆弧表面的加工，其形状及尺寸可结合加工对象参照国家标准来确定。

单元 2　常用数控铣刀（加工中心刀具）及其功用

数控铣刀是用于铣削加工的、具有一个或多个刀齿的旋转刀具。工作时，各刀齿依次间歇地切去工件的余量。铣刀主要用于铣削台阶、沟槽、成形表面和切断工件等。

一　对刀具的基本要求

♂ 1. 铣刀的刚性要好

一是为满足提高生产效率而采用大切削用量的需要，二是为适应数控铣床加工过程中难以调整切削用量的特点。

♂ 2. 铣刀的耐用度要高

当一把铣刀加工的表面较多时，刀具磨损快，不仅会影响工件的表面质量和加工精度，而且会增加换刀与对刀次数，导致零件加工表面留下对刀形成的接刀台阶。

二　常用数控铣刀的类型

数控机床上常用的铣刀种类很多，如图 2-5 所示。不同的铣刀可用于加工零件上不同的轮廓。

图 2-5　常见数控铣刀及加工轮廓

常见数控铣刀主要有以下几种。

1. 面铣刀

面铣刀的圆周表面和端面都有切削刃,其端部切削刃为副切削刃,如图 2-6 所示。

高速钢面铣刀按国家标准规定,直径 $d=80\sim250\text{mm}$,螺旋角 $\beta=10°$,刀齿数 $Z=10\sim26$。

硬质合金面铣刀的铣削速度、加工效率和工件表面质量均高于高速钢面铣刀,并可加工带有硬皮和淬硬层的工件。硬质合金面铣刀按刀片和刀齿的安装方式不同,可分为整体焊接式、机夹—焊接式和可转位式三种。

图 2-6 面铣刀及刀片

2. 立铣刀

立铣刀是数控机床上用得最多的一种铣刀,其结构如图 2-7 所示。立铣刀的圆柱表面和端面上都有切削刃,它们可同时进行切削,也可单独进行切削,但不能做轴向进给。立铣刀实物图如图 2-8 所示。

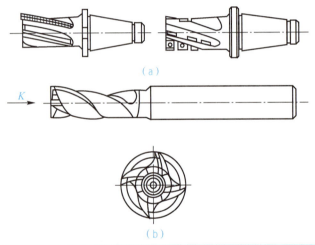

图 2-7 立铣刀的结构
(a)硬质合金立铣刀;(b)高速钢立铣刀

图 2-8 立铣刀实物图
(a)高速钢立铣刀;(b)硬质合金立铣刀;(c)玉米立铣刀

3. 模具铣刀

模具铣刀可分为圆锥形立铣刀、圆柱形球头立铣刀和圆锥形球头铣刀三种，其柄部有直柄、削平型直柄和莫氏锥柄。模具铣刀的结构特点是球头或端面上布满了切削刃，圆周刃与球头刃圆弧连接，可以做径向进给和轴向进给。常见类型的高速钢模具铣刀见表 2-5。图 2-9 所示为硬质合金模具铣刀。小规格的硬质合金模具铣刀多制成整体结构，直径 16mm 以上的制成焊接或机夹可转位结构。

表 2-5　常见类型的高速钢模具铣刀

模具铣刀	结构图	实物图
圆锥形立铣刀	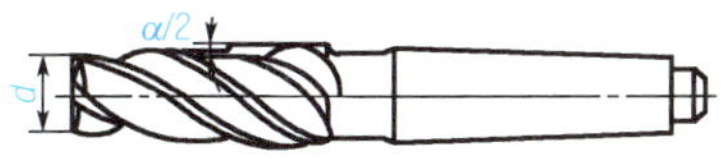	
圆柱形球头立铣刀		
圆锥形球头立铣刀	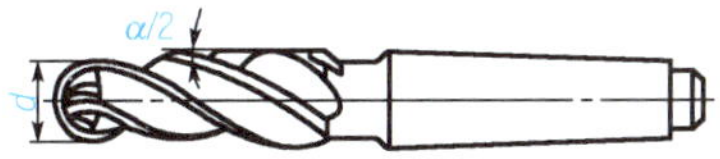	

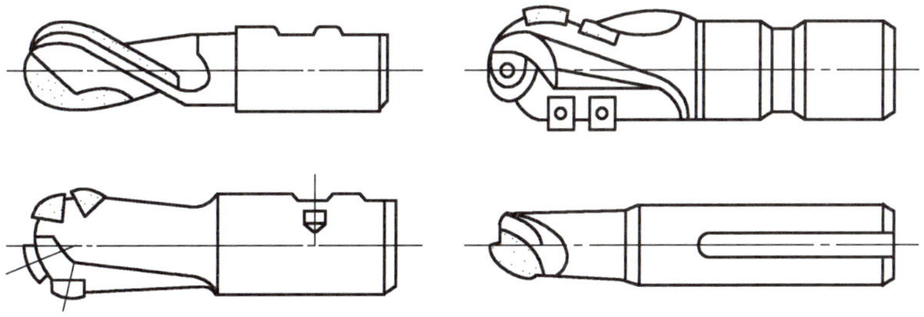

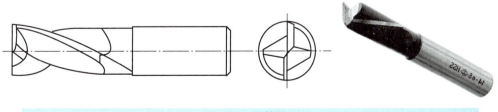

图 2-9　硬质合金模具铣刀

4. 键槽铣刀

如图 2-10 所示，键槽铣刀有两个刀齿，圆柱面和端面都有切削刃，端面刃延至中心。加工时，键槽铣刀先轴向进给达到槽深尺寸，然后沿键槽方向铣出键槽全长。

图 2-10　键槽铣刀

按国家标准规定，直柄键槽铣刀直径 d 为 2～22mm，锥柄键槽铣刀直径 d 为 14～50mm。键槽铣刀的圆周切削刃仅在靠近端面的一小段内发生磨损，重磨时，只需刃磨端面切削刃。

5. 鼓形铣刀

图 2-11 所示为一种典型的鼓形铣刀，它的切削刃分布在半径为 R 的圆弧面上，端面无切削刃。R 越小，鼓形铣刀所能加工的斜角范围越广，但获得的表面质量也越差。这种刀具的特点是刃磨困难，切削条件差，而且不适于加工有底的轮廓表面。

6. 成形铣刀

成形铣刀一般是为特定形状的工件或加工内容专门设计制造的，如渐开线齿面、燕尾槽和 T 形槽等。常用的成形铣刀如图 2-12 所示。另外，还有的其他类型的成形铣刀，如图 2-13 所示。T 形槽及燕尾槽铣削方式，如图 2-14 所示。

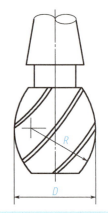

图 2-11 鼓形铣刀

 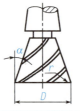 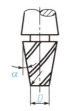 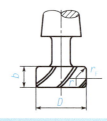 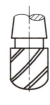

图 2-12 常用的成形铣刀

图 2-13 其他类型的成形铣刀

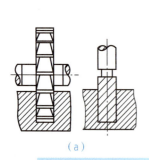 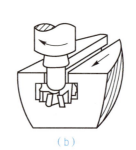 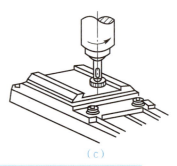

(a) (b) (c)

图 2-14 T 形槽及燕尾槽铣削方式
(a)用盘铣刀或立铣刀铣矩形槽；(b)用 T 形槽铣刀铣 T 形槽；(c)用燕尾槽铣刀铣燕尾槽

三、铣刀刀具的选用

1. 铣刀类型的选用

铣刀类型应与工件的表面形状和尺寸相适应。加工较大平面应选择面铣刀；加工凹槽、较小的台阶面及平面轮廓应选择立铣刀；加工空间曲面、模具型腔或凸模成形表面等多选用模具铣刀；加工封闭的键槽选择键槽铣刀；加工变斜角零件的变斜角面应选用鼓形铣刀；加工各种直的或圆弧形的凹槽、斜角面、特殊孔等应选用成形铣刀。

2. 面铣刀参数的选用

标准可转位面铣刀直径为 16～630mm，应根据工件的宽度选择铣刀直径，尽量包容工件整个加工宽度，以提高加工精度和效率，减小或消除相邻两次进给的接刀痕迹，提高铣刀的耐用度。

可转位面铣刀有粗齿、细齿和密齿三种。粗齿铣刀的容屑空间较大，常用于粗铣钢件；粗铣带断续表面的铸件和在平稳条件下铣削钢件时，可选用细齿铣刀。密齿铣刀的每齿进给量较小，主要用于加工薄壁铸件。

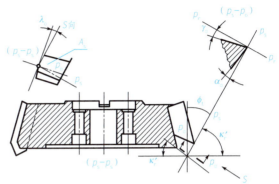

图 2-15 面铣刀的几何角度标注

面铣刀的几何角度标注如图 2-15 所示，具体数值可见表 2-6。

表 2-6 面铣刀的前角数值

刀具材料＼工件材料	钢	铸铁	黄铜、青铜	铝合金
高速钢	10°～20°	5°～15°	10°	25°～30°
硬质合金	－15°～＋15°	－5°～＋5°	4°～6°	15°

3. 立铣刀参数的选用

立铣刀主切削刃的前角在法剖面内测量，后角在端剖面内测量，根据工件材料和铣刀直径分别选取，其具体数值分别见表 2-7 和表 2-8。

表 2-7 立铣刀前角数值

工件材料		前角
钢	$\sigma_b < 0.589$ GPa	20°
	0.589 GPa $< \sigma_b < 0.981$ GPa	15°
	$\sigma_b > 0.981$ GPa	10°
铸铁	≤150HBS	15°
	>150HBS	10°

表 2-8 立铣刀后角数值

铣刀直径 d_0/mm	后角
≤10	25°
10～20	20°
>20	16°

立铣刀的尺寸参数如图 2-16 所示，推荐按下述经验数据选取。

(1) 刀具半径 R 应小于零件内轮廓面的最小曲率半径 ρ，一般取 $R=(0.8\sim0.9)\rho$。

(2) 零件的加工高度 $H \leq (1/4\sim1/6)R$，以保证刀具具有足够的刚度。

(3) 对不通孔（深槽），选取 $L=H+(5\sim10)$ mm（L 为刀具切削部分长度，H 为零件高度）。

(4) 加工外表面及通槽时，选取 $L=H+r+(5\sim10)$ mm（r 为端刃圆角半径）。

(5) 如图 2-17 所示，粗加工内轮廓面时，铣刀最大直径 D 可按下式粗算：

$$D_{粗}=2\frac{\delta\sin\frac{\varphi}{2}-\delta_1}{1-\sin\frac{\varphi}{2}}+D$$

式中，D——轮廓的最小凹圆角直径；

δ——圆角邻边夹角等分线上的精加工余量；

δ_1——精加工余量；

φ——圆角两邻边的夹角。

(6) 加工肋板时，刀具直径 $D=(5\sim10)b$（b 为肋板的厚度）。

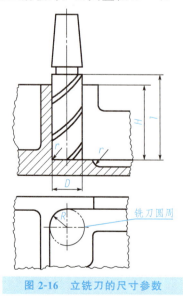

图 2-16 立铣刀的尺寸参数

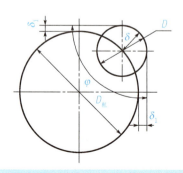

图 2-17 粗加工立铣刀直径计算

单元3　常用数控刀具材料

随着刀具材料的迅速发展，各种新型刀具材料的物理、力学性能和切削加工性能都有了很大的提高，应用范围也不断扩大。因此，在机械加工过程中，我们不但要熟悉各种刀具材料的种类、性能和用途，而且必须能根据不同的工件和加工条件，对刀具材料进行合理的选择。

一、刀具材料基本性能

刀具材料的选择对刀具寿命、加工效率、加工质量和加工成本等因素的影响很大。因此，刀具材料应具备以下一些基本性能。

1. 硬度和耐磨性

刀具材料的硬度必须高于工件材料的硬度。刀具材料的硬度越高，耐磨性就越好。

2. 强度和韧性

刀具材料应具备较高的强度和韧性，以便承受切削力、冲击和振动，防止刀具脆性断裂和崩刃。

3. 耐热性

刀具材料的耐热性要好，能承受高的切削温度，具备良好的抗氧化能力。

4. 工艺性能和经济性

刀具材料应具备好的锻造性能、热处理性能、焊接性能、磨削加工性能等，而且要追求高的性能价格比。

二、常用刀具材料

目前，经常使用的刀具材料有高速钢和硬质合金两大类。一些特种材料（如陶瓷、金刚石等材料）具有较高的硬度、耐磨性、热稳定性及较低的摩擦系数，得到了一定的应用，但由于价格因素的限制，其使用范围不如高速钢和硬质合金材料广。

1. 高速钢

高速钢是一种加入了较多的钨、钼、铬、钒等合金元素的高合金工具钢。按用途不同，高速钢可分为通用型高速钢和高性能高速钢，如图2-18所示。

(1) 通用型高速钢刀具。通用型高速钢一般可分钨钢、钨钼钢两类,具有一定的硬度(63~66HRC)和耐磨性、较高的强度和韧性、良好的塑性和加工工艺性,因此广泛用于制造各种复杂刀具。其主要牌号有 W18Cr4V 和 W6Mo5Cr4V2。

(2) 高性能高速钢刀具。高性能高速钢是指在通用型高速钢成分中再增加一些含碳量、含钒量及添加 Co、Al 等合金元素的新钢种,从而可提高它的耐热性和耐磨性。其常用牌号有 9W18CrB、9W6Mo5Cr4V2、W6Mo5Cr4V3 等。

常见高速钢刀具见表 2-9。

图 2-18 高速钢刀具材料

表 2-9 常见高速钢刀具

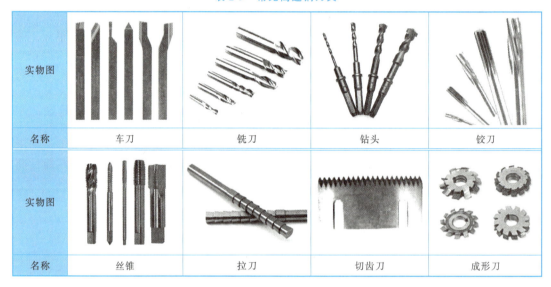

实物图				
名称	车刀	铣刀	钻头	铰刀
实物图				
名称	丝锥	拉刀	切齿刀	成形刀

2. 硬质合金

硬质合金是由高硬度、高熔点的碳化钨(WC)、碳化钛(TiC)、碳化钽(TaC)、碳化铌(NbC)粉末用钴(Co)黏结后压制、烧结而成的粉末冶金制品,具有硬度高、耐磨、耐热的优点,但脆性大,怕冲击和振动。硬质合金粉末见表 2-10。

表 2-10 硬质合金粉末

实物图				
名称	碳化钨(WC)	碳化钛(TiC)	碳化钽(TaC)	碳化铌(NbC)

我国目前常用的硬质合金有三类：钨钛钴类（YT）、钨钴类（YG）、钨钛钽（铌）类（YW），具体见表 2-11。

表 2-11　硬质合金分类

种类	成分	ISO 标准	应用范围
YT	WC-TiC-Co	P	加工钢、不锈钢和长切屑可锻铸铁
YG	WC-Co	K	加工铸铁、冷硬铸铁、短切屑铸铁、淬火钢和有色金属
YW	WC-TiC-TaC(NbC)-Co	M	加工铸钢、锰钢、合金铸铁、奥氏体不锈钢、可锻铸铁、易切钢和耐热钢

（1）钨钛钴类硬质合金：由 WC、TiC 和 Co 组成，代号为 YT，适合于加工塑性材料，如钢材，但不宜加工钛合金、硅铝合金。其常用牌号有 YT30、YTl5 和 YT5。

（2）钨钴类硬质合金：由 WC 和 Co 组成，代号为 YG，主要用于加工铸铁、有色金属等脆性材料和非金属材料。其常用牌号有 YG3、YG6 和 YG8。

（3）钨钛钽（铌）类硬质合金：由 YT 类中加入少量的 TaC 或 NbC 组成，代号为 YW，可加工钢，又可加工铸铁和有色金属。其常用牌号有 YWl 和 YW2。

硬质合金的形状主要有三种：球状、棒状和板状，具体见表 2-12。

表 2-12　硬质合金形状分类

分类	形状	性能特点
硬质合金球		以高硬度难熔金属的碳化物（WC、TiC）微米级粉末为主要成分，常见的硬质合金有 YG、YT、YW 系列
硬质合金棒		具有稳定的机械性能，易于焊接，具有高耐磨性和高耐冲击性。适用于钻头、立铣刀、铰刀
硬质合金板		具有良好的耐久性，耐冲击性强，可用于冲压模具、电子元器件、电动机转子、定子、EI 硅钢片等

3. 特种刀具材料

1）涂层材料

涂层刀具是在韧性较好的刀体上，采用化学气相沉积（CVD）法或物理气相沉积（PVD）法，涂覆一层或多层耐磨性好的难熔化合物，它将刀具基体与硬质涂层相结合，从而使刀具性能大大提高。常见涂层刀具成形及性能见表 2-13。

表 2-13　常见涂层刀具成形及性能

种类	气相沉积法	涂层物质	沉积温度	性能
涂层高速钢刀具	物理	TiN、TiAlN 和 Ti(C, N)	500 ℃	耐用度提高 2～10 倍，涂层薄，刃口锋利，利于降低切削力
涂层硬质合金刀具	化学	TiC	1 000 ℃	耐用度提高 1～3 倍，涂层厚，刃口钝，利于提高速度及寿命

涂层技术已应用于立铣刀、铰刀、钻头、各种机夹可转位刀片及齿轮滚刀等，满足高速切削加工各种钢和铸铁、耐热合金和有色金属等材料的需要。常见涂层刀具见表 2-14。

表 2-14　常见涂层刀具

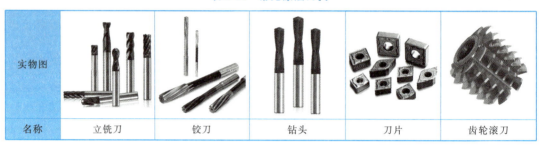

实物图					
名称	立铣刀	铰刀	钻头	刀片	齿轮滚刀

2）立方氮化硼

立方氮化硼（CBN）是一种人工合成的高硬度材料。立方氮化硼刀片按照结构分为焊接复合式立方氮化硼刀片与整体聚晶立方氮化硼刀片，见表 2-15。

表 2-15　立方氮化硼刀片

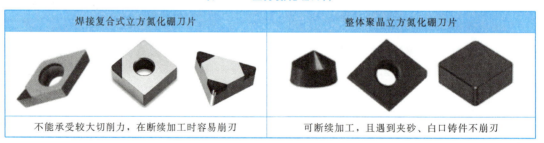

焊接复合式立方氮化硼刀片	整体聚晶立方氮化硼刀片
不能承受较大切削力，在断续加工时容易崩刃	可断续加工，且遇到夹砂、白口铸件不崩刃

立方氮化硼刀具适于精加工各种淬火钢、硬铸铁、高温合金、硬质合金、表面喷涂材料等难切削材料。

3）金刚石

金刚石是自然界中最硬的一种材料，具有高硬度、高耐磨性和高导热性能，在有色金属和非金属材料加工中得到广泛的应用。

金刚石刀具的主要种类有以下几种。

（1）天然金刚石刀具。天然金刚石刀具经过精细研磨，刃口能磨得极其锋利，能实现超薄切削，可以加工出极高的工件精度和极低的表面粗糙度的工件。

（2）PCD 金刚石刀具。PCD 金刚石刀具采用高温高压合成技术制备的聚晶金刚石制成。在很多场合下，天然金刚石刀具已经被人造聚晶金刚石刀具所代替。PCD 金刚石刀片如图 2-19 所示。

（3）CVD 金刚石刀具。CVD 金刚石是指用化学气相沉积法（CVD）在异质基体（如硬质合金、陶瓷等）上合成金刚石膜，具有与天然金刚石完全相同的结构和特性。CVD 金刚石刀片如图 2-20 所示。

图 2-19　PCD 金刚石刀片

图 2-20　CVD 金刚石刀片

4）陶瓷

陶瓷刀具已广泛应用于高速切削、干切削、硬切削及难加工材料的切削加工，还可以高效加工传统刀具根本不能加工的高硬材料。

陶瓷刀具的材料一般可分为氧化铝基陶瓷、氮化硅基陶瓷、复合氮化硅－氧化铝基陶瓷三大类。其中，以氧化铝基、氮化硅基陶瓷刀具材料应用较为广泛，如图 2-21 和图 2-22 所示。氮化硅基陶瓷的性能更优越于氧化铝基陶瓷。

图 2-21　氧化铝基陶瓷片

图 2-22　氮化硅基陶瓷片

刀具常用材料的基本性能如图 2-23 所示。

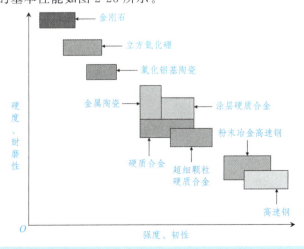
图 2-23　刀具常用材料的基本性能

三、数控刀具材料的选用原则

一般而言，PCBN 刀具、陶瓷刀具、涂层硬质合金刀具及 TiCN 基硬质合金刀具适合于钢铁等黑色金属的数控加工；而 PCD 刀具适合于对 Al、Mg、Cu 等有色金属材料及其合金和非金属材料的加工。

刀具材料所适合加工的一些工件材料见表 2-16。

表 2-16　刀具材料所适合加工的一些工件材料

刀具	高硬钢	耐热合金	钛合金	镍基高温合金	铸铁	纯钢	高硅铝合金	FRP 复材料
PCD	×	×	◎	×	×	×	◎	◎
PCBN	◎	◎	○	◎	◎	×	●	●
陶瓷刀具	◎	◎	×	◎	◎	●	×	×
涂层硬质合金	○	◎	◎	●	◎	◎	●	●
TiCN 基硬质合金	●	×	×	×	◎	●	×	×

注：◎—优；○—良；●—尚可；×—不合适。

单元 4　数控刀具的维护与保养

数控设备的增加必然需要大量的刀具，而单台数控设备的刀具管理模式已不能满足数控车间刀具管理要求。企业需要一个完善的刀具管理制度，以统一集中维护刀具的管理。如图 2-24 所示。

图 2-24　刀具入库统一管理

单元4　数控刀具的维护与保养

一　数控刀具管理制度

1. 刀具验收入库

（1）库管员依据清单上所列的名称、规格、数量对入库刀具进行核对，确认后才可入库。

（2）对入库刀具核对后，库管员及时填写入库单，经签字后交财务人员，各持一联做账。

2. 刀具摆放及保管

（1）刀具入库后，需按刀具的类别与型号，将其摆放在对应的库位上。
（2）对常用或每日有变动的刀具要随时盘点，若发现误差须及时找出原因。
（3）要经常对刀具进行保养，对修磨后的刀具要涂上防锈油以防止生锈。
（4）要保证账上库存数量与实物数量的一致性。
（5）对经常使用的刀具要随时关注库存数量，库存不足要及时填写《采购申请单》。

3. 刀具发放与领用

（1）领用刀具时要报出规格型号，库管员开具《出库领用单》，操作者确认签字后才可拿走。
（2）从仓库发出的刀具，库管员必须要有记录。按先发旧刀再发新刀的原则发放刀具。
（3）若仓库没有所领刀具，则库管员需要求操作者填写《采购申请单》。
（4）以旧换新的刀具一律交旧领新。

4. 刀具报废处理

（1）要在《刀具报废申请单》上写明刀具报废的原因，并将刀具统一放入废刀具盒回收。
（2）对于同一规格的刀具，在使用中如果连续断两支，要找出报废原因，避免犯同样错误。

5. 刀具修磨

（1）库管员对要修磨的刀具做好出入登记，修磨好的刀具要及时归位。
（2）对于生产上急需修磨的刀具，库管员要通知修磨人员及时修磨。

二　数控刀具保养

对使用的刀具必须定期进行检查和保养，防止磨损、松动、损坏等情况，以提高刀具使用寿命。

1. 防锈、防碰

保养刀具的关键是防锈、防磕碰。刀具生锈后会使其与主轴接触面减少，不仅会造成刀具使用寿命缩短，而且造成主轴寿命缩短。为防止生锈，应采用优良的防锈油，并在防

41

锈之前注意将刀具擦拭干净,还要保持室内干燥。为防止磕碰,应坚持空刀复验程序,并使用刀具车、刀具架或刀具盒将刀具分别放置,严禁将刀具不加任何包装就放在一起,如图 2-25 所示。

图 2-25　刀具车、刀具架、刀具盒

♂ 2. 分类、标识

刀具库中的刀具、刀柄等要分类放置,进行标识。刀具属于比较精密的加工工具,所以在放置时注意不要随意乱放刀具,要分门别类进行放置。对于硬质合金刀片,只需要将刀片放在刀具盒中,如图 2-26 所示;钻头或者铣刀,要特别注意刃口的保护。若刀具保留在刀柄上,则可用包装盒套着刀具,也可卸下刀具放入包装盒中。具体如图 2-27 所示。

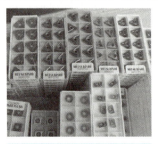

图 2-26　刀片盒　　　　　图 2-27　数控刀具分类放置

♂ 3. 清理、管理

使用刀具时,可添加螺钉防卡剂以防止螺钉卡死。对于机床上长期不用的刀柄,若保养不当,则刀柄会出现锈斑,必须用麂皮清理(不用棉纱,避免棉丝遗留在刀柄上),并及时回收,经清洁保养后,存放车间刀具库中统一集中管理。当再次使用时,必须对加工件做好首检并加强自检,确认刀具满足要求后才能正常生产。

思考与练习

一、填空题

1. 机夹可转位刀片可分为_____、_____及_____三大类。
2. 机夹可转位刀片主要根据_____和_____这两个主要参数进行选择。
3. 我国目前常用的硬质合金有三类：_____类、_____类、_____类。
4. 数控车床适合加工_____要求较高、_____复杂、带_____的回转体零件。
5. 机夹式车刀是将刀片用机械夹持方法固定在_____上，刀片用钝后可磨刀片，以获得新刃的一种车刀。
6. 可转位式车刀采用机械夹固的方法将可转位刀片夹紧并固定在_____上，刀片上有多个_____，当一个_____车钝后不需要重磨，只要将刀片_____后，即可用新的切削刃继续切削。
7. 键槽铣刀有_____个刀齿，圆柱面和端面都有切削刃，端面刃延至中心。加工时，键槽铣刀先轴向进给达到_____，然后沿键槽方向铣出_____。
8. 立铣刀是数控机床上用得最多的一种铣刀。立铣刀的_____和_____上都有切削刃，它们可同时进行切削，也可单独进行切削，但不能做_____。

二、判断题

1. 金刚石刀具主要用于加工各种有色金属、非金属及黑色金属。（　　）
2. 刀具材料的硬度和耐磨性越高，抗冲击和振动能力就越好。（　　）
3. 可转位式车刀用钝后，只需要将刀片转过一个位置，即可使新的刀刃投入切削。当几个刀刃都用钝后，更换新刀片。（　　）
4. YG类硬质合金主要用于加工铸铁、有色金属等脆性材料和非金属材料。（　　）
5. 我国目前常用的硬质合金有三类：钨钴类（YG）、钨钛钴类（YT）、钨钛钽钴类（YW）。（　　）
6. 在选择刀具形式和结构时，只需考虑工件的材料、形状、尺寸和加工要求这些主要因素。（　　）
7. 金刚石刀具与铁元素的亲和力强，通常不能用于加工有色金属。（　　）
8. 硬质合金是由高硬度高熔点的碳化钨、碳化钛、碳化钽和碳化铌粉末用钴黏结后压制、烧结而成的粉末冶金制品。（　　）
9. 高速钢是一种加入了较多的钨、钼、铬、钒等合金元素的低合金工具钢。（　　）
10. 涂层刀具是在韧性较好的刀体上，采用化学气相沉积法或物理气相沉积法，涂覆一层或多层耐磨性好的难熔化合物。它将刀具基体与硬质涂层相结合，从而使刀具性能大大提高。（　　）

三、选择题

1. 目前在数控加工中广泛使用（　　）。
   A. 整体式车刀　　B. 焊接式车刀　　C. 可转位式车刀　　D. 机夹式车刀
2. 按照国标GB/T2076—1987，机夹可转位刀片的形状有三角形、正方形、五边形、六边形、圆形及菱形等共（　　）种。

A. 15　　　　　B. 16　　　　　C. 17　　　　　D. 18

3. YG类硬质合金主要用于加工(　　)材料。

A. 铸铁和有色金属　　　　　　B. 合金钢

C. 不锈钢和高硬度钢　　　　　D. 工具钢和淬火钢

4. 切削刃形状复杂的刀具宜采用(　　)材料制造。

A. 硬质合金　　B. 人造金刚石　　C. 陶瓷　　　　D. 高速钢

5. 45°外圆车刀可加工工件的(　　)。

A. 盲孔　　　　B. 通孔　　　　　C. 外螺纹　　　D. 端面

6. (　　)的优点是结构简单、紧凑、刚性好、抗振性强，制造、刃磨方便，使用灵活。

A. 整体式车刀　B. 焊接式车刀　　C. 机夹式车刀　D. 可转位机夹式车刀

7. 刀具切削部分材料的硬度要高于被加工材料的硬度，其常温硬度应在(　　)。

A. 45～50 HRC　B. 50～55 HRC　　C. 55～62 HRC　D. 63～66 HRC

8. 下列刀具材料硬度最高的是(　　)。

A. 金刚石　　　B. 硬质合金　　　C. 高速钢　　　D. 陶瓷

9. 刀具材料在高温下能够保持较高硬度的性能称为(　　)。

A. 硬度　　　　B. 红硬性　　　　C. 耐磨性　　　D. 韧性和硬度

四、简答题

1. 数控车刀的种类有哪几种？如何选用？
2. 数控铣刀的种类有哪些？如何选用？
3. 刀具材料的基本性能是什么？常用刀具材料有哪些？
4. 简述数控车刀、铣刀的安装方法及数控刀具的调试方法。
5. 数控刀具的管理制度包括哪些？数控刀具的保养方法有哪些？

五、综合题

试说明图 2-28 中各种刀具的名称和用途。

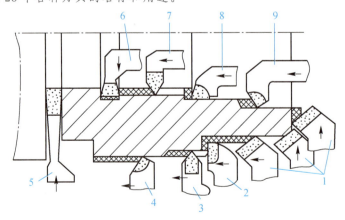

图 2-28　常用焊接式车刀

我国数控刀具40年

模块三

数控车削工艺与编程技术基础

单元1 数控车削工艺的基本特点及主要内容

数控车床是目前使用较广泛的数控机床之一,主要用于加工轴类、盘类等回转体零件,它是按事先编好的加工程序对零件进行自动加工的。无论是手工编程还是自动编程,在编程前都要对所加工的零件进行加工工艺分析,拟定加工方案,确定加工路线和加工内容,选择合适的刀具和切削用量,设计合理的夹具及装夹方法。编程时,还要对一些特殊的工艺问题,如对刀点、刀具进给路线设计等做一些处理。合理的数控车削工艺是编制程序的依据,工艺设计不合理,往往造成工作反复,工作量成倍增加,甚至要推倒重来的局面。因此,数控车削工艺分析处理是一项复杂而重要的工作,它不仅要求编程人员必须具备扎实的工艺基础知识和丰富的实际工作经验,还必须具有一丝不苟的工作作风。

数控车削工艺是指从工件毛坯(或半成品)的装夹开始,直到工件正常车削加工完毕、机床复位的整个工艺执行过程。

一、数控车削工艺的基本特点

车削加工的工艺特点是工件旋转做主运动,车刀做进给运动。车削加工可以在卧式车床、立式车床、转塔车床、仿形车床、自动车床、数控车床,以及各种专用车床上进行,主要用来加工各种回转表面,如外圆(含外回转槽)、内圆(含内回转槽)、平面(含台阶端面)、锥面、螺纹和滚花面等。根据所选用的车刀角度和切削用量的不同,车削可分为粗车、半精车和精车等阶段。粗车的尺寸公差等级为IT12~IT11,表面粗糙度值 Ra 为 $25\sim12.5\mu m$;半精车为IT10~IT9,Ra 值为 $6.3\sim3.2\mu m$;精车等级为IT8~IT7(外圆精度可达到IT6),Ra 值为 $1.6\sim0.8\mu m$。

1. 车削外圆

车外圆是最常见、最基本的车削方法,如图3-1所示。

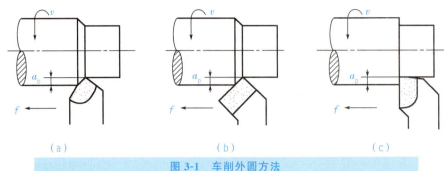

图 3-1　车削外圆方法

(a)尖刀车外圆；(b)45°弯头刀车外圆；(c)偏刀车外圆

2. 车削内圆(孔)

车削内圆(孔)是指用车削方法扩大工件的孔或加工中心工件的内表面。这也是常用的车削方法之一。孔的形状不同，车孔的方法也有差异。

车通孔如图 3-2(a)所示。车内沟槽如图 3-2(b)所示。在车削盲孔和台阶孔时，车刀要先纵向进给，当车到孔的根部时再横向进给，从外向中心进给车端面或台阶端面，如图 3-2(c)、图 3-2(d)所示。

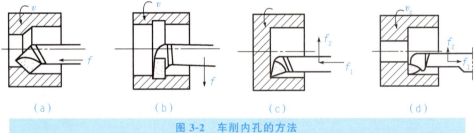

图 3-2　车削内孔的方法

(a)车通孔；(b)车内沟槽；(c)车盲孔；(d)车台阶孔

3. 车削平面

车削平面主要指的是车端平面(包括台阶端面)，常见的方法如下。

(1)使用 45°偏刀车削平面，可采用较大切削深度，切削顺利，表面光洁，大、小平面均可车削，如图 3-3 所示。

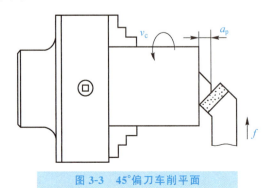

图 3-3　45°偏刀车削平面

(2)使用90°偏刀从外向中心进给车削平面,适用于加工尺寸较小的平面或一般的台阶端面,如图3-4(a)所示。

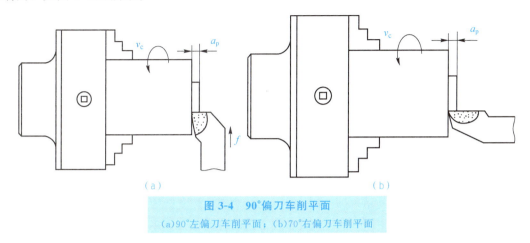

图3-4 90°偏刀车削平面
(a)90°左偏刀车削平面;(b)70°右偏刀车削平面

(3)使用90°左偏刀车削平面,刀头强度较高,适用于车削较大平面,尤其是铸锻件的大平面,如图3-4(b)所示。

4. 车削锥圆

锥面可分为内锥面和外锥面,可以分别视为内圆、外圆的一种特殊形式。车削锥圆如图3-5所示。

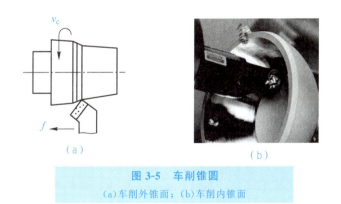

图3-5 车削锥圆
(a)车削外锥面;(b)车削内锥面

5. 车削螺纹

车削螺纹是一种最常见、最基本的车削方法,如图3-6所示。

数控加工的工艺路线设计与普通机床加工的常规工艺路线拟定的区别主要在于数控加工可能只是几道工序,而不是从毛坯到成品的整个工艺过程。一般来讲,一个零件的制造过程一般是由数控加工和常规机械加工组合而成的。由于数控加工工序一般与常规加工工序穿插在一起进行,因此在工艺路线设计中一定要兼顾数控加工和常规工序,对两者进行合理的安排,使之与整个工艺过程协调吻合。

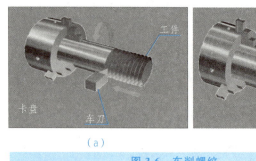

图 3-6 车削螺纹
(a)车削外螺纹；(b)车削内螺纹

数控加工工艺是不能与常规加工截然分开的。对于比较复杂的零件，数控加工流程中还可能穿插更多的常规加工工序，所涉及的常规工艺的种类也会更多。这就要求数控工艺员要具备良好而全面的工艺知识。在实施数控加工之前，应先使用常规的切削工艺，把加工余量减到尽可能小。这样做既可以缩短数控加工时间，降低加工成本，又可以保证加工的质量。

二、数控车削工艺的主要内容

普通车床受控于操作工人，因此在普通车床上切削加工时涉及的切削用量、进给路线、工序的工步等往往都由操作工人自行选定。数控车床受控于程序指令，加工的全过程都是按程序指令自动执行的，所以数控车床加工程序与普通车床加工工艺规程有较大的差别，涉及的内容也比较广。数控车削工艺主要包括以下内容。

(1) 对零件图纸进行加工工艺分析，确定加工内容及技术要求。

(2) 确定零件加工方案，制定数控加工工艺路线，如工步的划分、工件的定位与夹具的选择、刀具的选择、切削用量的确定等。

(3) 处理特殊的工艺问题，如对刀点、换刀点的选择，加工路线的确定，刀具补偿等。

(4) 加工轨迹的计算和优化。

(5) 数控车削加工程序的编写、校验与修改。

(6) 首件试切，进一步修改加工程序，并对现场问题进行处理。

(7) 编制数控加工工艺技术文件，如数控加工工序卡、数控加工刀具明细表、数控车床调整单及数控加工程序单等。

单元2 数控车削工艺规程的制定

数控车削工艺规程制定的主要内容有分析零件图样、确定工件在车床上的装夹方式、各表面的加工顺序和刀具的进给路线，以及刀具、夹具和切削用量的选择等。下面以典型轴类零件为例来介绍数控车削工艺规程的制定步骤,如图 3-7 所示。

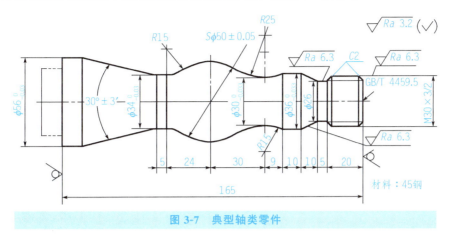

图 3-7 典型轴类零件

一 分析零件图样

分析零件图样是工艺制定中的首要工作,直接影响零件加工程序的编制及加工结果。首先熟悉零件在产品中作用、装配关系和工作条件,明白各项技术要求对零件装配质量和使用性能的影响,找出主要的和关键的技术要求,然后对零件图样进行分析。主要需考虑以下几方面。

1. 图样审查

(1) 对图样构成轮廓的几何元素进行充分性审查与分析。

如图 3-7 所示的零件表面由圆柱、圆锥、顺圆弧、逆圆弧及螺纹等几何元素组成。其中多个直径尺寸有较高的尺寸精度和表面粗糙度等要求;球面 $S\phi50mm$ 的尺寸公差还兼有控制该球面形状(线轮廓)误差的作用。尺寸标注完整,轮廓描述清楚。零件材料为 45 钢,无热处理和硬度要求。

通过审查得知:螺纹、槽、圆柱面和圆锥面轮廓要素均充分。而在图 3-8 中,BC 段圆弧与 CD 段圆弧切点 C 及 CD 段圆弧与 DE 段圆弧切点 D 的尺寸未在图样上标注出来,无法对它们编程加工,故需要计算解决。

计算过程如下(仅计算 C 点):

如图 3-8 所示,连接 O_1、O_3 两点,由平面几何知识可知,C 点在 O_1O_3 连线上。由 O_1 点向 Z 轴做垂线与 Z 轴相交于 B_2 点,通过 C 点向 O_1B_2 做垂线交于 B_1 点,由 C 点向平行于 X 轴的线段 O_3C_1 做垂线,交于 C_1 点。

因为 $\angle O_1CB_1 = \angle O_3CC_1$,$O_1C = O_3C$,$\angle O_1B_1C = \angle O_3C_1C$

所以 $\triangle O_1CB_1 \cong \triangle O_3CC_1$

所以 $B_1O_1 = C_1O_3$

又因为 CB_1 为 $\triangle O_1O_3B_2$ 的中位线

所以 $B_1C = C_1C$

……

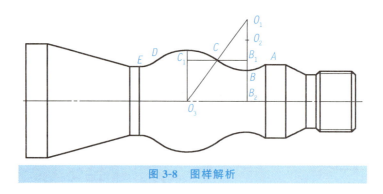

图 3-8 图样解析

(2)审查定位基准可靠性，加工精度、尺寸公差是否可以得到保证，应采取的工艺措施。

本零件径向基准为零件轴线，轴向基准为右端面。零件为回转体，最大直径为 56mm，若采用自定心卡盘进行装夹，则应保证轴线与机床主轴的同心度和偏角误差小于一定值。为保证轴线与机床主轴的相对精度，可将零件右端车出夹持端，采用端面与卡盘端面紧靠定位；右端可钻中心孔，采用顶尖顶紧进行定位。

本零件尺寸公差要求最高为 0.025mm，角度偏差不小于 60°，表面粗糙度要求最高为 3.2μm。采用数控机床进行加工，可保证其要求。可采用粗车-精车的加工方法进行加工。对于图样给定的几个精度要求较高的尺寸，因其公差数值较小，故编程时不必取平均值，而全部取其基本尺寸即可。

2. 毛坯选择与分析

本零件材料采用 45 钢，毛坯可选择型材棒料。本零件最大直径为 56mm，圆弧要素面最大直径为 50mm，经综合考虑，可选择直径为 60mm 的型材棒料作为毛坯。此时最小加工余量为 (60－56)mm ＝4mm，要素面最小加工余量为 (60－50)mm＝10mm，可充分保证零件的尺寸精度和表面粗糙度。另外，为便于装夹，坯件左端应预先车出夹持部分（双点画线部分），右端面也应先粗车出并钻好中心孔。毛坯选 ϕ60mm 棒料。

3. 机床选择

本零件为回转体零件，表面有螺纹、圆弧面等复杂形状，采用普通车床不易加工。其尺寸精度要求较高，表面形状可用数学模型表示。经综合考虑，可选择数控车床作为本零件的加工机床。

数控车床适合加工精度和表面粗糙度要求较高、表面形状复杂、带特殊螺纹的回转体零件。

二 确定定位与装夹方案

在加工时，用以确定工件相对于机床、刀具和夹具正确位置所采用的基准，称为定位基准。在各加工工序中，保证零件被加工表面位置精度的工艺方法是制定工艺过程的重要任务，它不仅影响工件各表面之间的相互位置尺寸和位置精度，而且影响整个工艺过程的安排和夹具的结构,而合理选择定位基准是保证被加工表面位置精度的前提,因此,在选择各类工艺基准时,首先应选择定位基准。

1. 定位基准的原则

定位基准有粗基准和精基准之分。零件粗加工时,以毛坯面作为定位基准,这个毛坯面称为粗基准;之后的加工中,必须以加工过的表面作为定位基准,这些表面称为精基准。

选择定位基准是从保证工件加工精度要求出发的。在加工中,首先使用的是粗基准,但在选择定位基准时,为了保证零件的加工精度,首先考虑的是选择精基准,精基准选定以后,再考虑合理地选择粗基准。

1)精基准的选择原则

选择精基准时,应重点考虑如何减少工件的定位误差,保证加工精度,并使夹具结构简单,工件装夹方便。具体的选择原则如下。

(1)基准重合原则。基准重合原则,是指工件定位基准应尽量选择在工序基准上,也就是使工件的定位基准与本工序的工艺基准尽量重合。

(2)基准统一原则。基准统一原则,是指采用同一组基准定位加工零件上尽可能多的表面。这样做可以简化工艺规程的制定工作,减少夹具设计、制造的工作量和成本,缩短生产准备周期;由于减少了基准转换,因此便于保证各加工表面的相互位置精度。例如,加工轴类零件时,采用两中心孔定位加工各外圆表面,就符合基准统一原则。

(3)互为基准原则。对于某些位置精度要求高的表面,可以采用互为基准、反复加工的方法来保证其位置精度。

(4)自为基准原则。对于精度要求很高的表面,在精密加工时,为了保证加工精度,要求加工余量小且均匀,这时可以选已经加工过的表面自身作为定位基准。

(5)便于装夹的原则。所选择的精基准,尤其是主要定位面,应有足够大的面积和精度,以保证定位准确、可靠,同时夹紧机构简单,操作方便。

2)粗基准的选择原则

选择粗基准时,主要要求保证各加工面有足够的余量,使加工面与不加工面之间的位置符合图样要求,并特别注意要尽快获得精基准面。具体选择时应考虑下列原则。

(1)重要表面原则(余量均匀原则)。所谓重要表面,一般指工件上加工精度及表面质量要求较高的表面。为保证工件上重要表面的加工余量小而均匀,则应选择该表面为粗基准。

(2)保证相互位置要求的原则。若必须保证工件上加工面与不加工面之间的相互位置要求,则应以不加工面作为粗基准。

若工件上有多个不加工面,则应选其中与加工面位置要求较高的不加工面为粗基准,以便保证要求,使外形对称等。如图 3-9 所示毛坯偏心的工件,毛坯孔与外圆之间偏心较大,应当选择不加工的外圆作为粗基准,将工件装夹在自定心卡盘中,把毛坯的同轴度误差在镗孔时切除,从而保证其壁厚均匀。

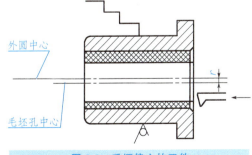

图 3-9 毛坯偏心的工件

(3) 不重复使用原则。粗基准本身是未经加工的毛坯表面,其精度和表面粗糙度都较差。若在某一个(或几个)自由度上重复使用粗基准,则不能保证两次装夹下工件与机床、刀具的相对位置一致,因而使得两次装夹下加工出来的表面之间位置精度降低。所以,粗基准在同一尺寸方向上只能有效使用一次。

(4) 便于装夹的原则。选择较为平整光洁、加工面积较大的表面作为粗基准,以便工件定位可靠、夹紧方便。

♂ 2. 工件装夹的方法

一般轴类工件的装夹方法有如下几种。

1) 自定心卡盘(俗称三爪卡盘)装夹

特点:自定心卡盘装夹工件方便、省时,但夹紧力没有单动卡盘(俗称四爪卡盘)大。

用途:适用于装夹外形规则的中、小型工件。

2) 单动卡盘装夹

特点:单动卡盘找正比较费时,但夹紧力较大。

用途:适用于装夹大型或形状不规则的工件。

3) 一夹一顶装夹

特点:为了防止由于进给力的作用而使工件产生轴向位移,可在主轴前端锥孔内安装一限位支撑,也可利用工件的台阶进行限位。

用途:装夹安全、可靠,能承受较大的进给力,应用广泛。

4) 两顶尖装夹

特点:两顶尖装夹工件方便,不需找正,定位精度高,但比一夹一顶装夹的刚度低,影响了切削用量的提高。

用途:较长的或必须经过多次装夹后才能加工好的工件,或工序较多,在车削后还要铣削或磨削的工件。

通过上述分析,对于图 3-7 所示零件,我们选择坯料轴线和左端大端面(设计基准)作为定位基准。装夹方法采用左端自定心卡盘定心夹紧+右端回转顶尖支承的方案。

三 确定加工顺序

为了达到质量优、效率高和成本低的目的,制定数控车削加工顺序时一般应遵循以下基本原则:先粗后精、先近后远、内外交叉、基面先行,并且程序段最少,所走路线最短。

♂ 1. 先粗后精

为了提高生产效率并保证零件的精加工质量,在切削加工时,应先安排粗加工工序,在较短的时间内,将精加工前大量的加工余量(如图 3-10 中的虚线内部分)去掉,同时尽量满足精加工的余量均匀性要求。

当粗加工工序安排完后,应接着安排换刀后进行的半精加工和精加工。其中,安排半精加工的目的是:当粗加工后所留余量的均匀性满足不了精加工要求时,则可安排半精加

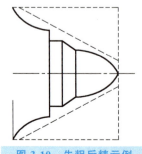

图 3-10 先粗后精示例

工作为过渡性工序,以便使精加工余量小而均匀。

各个表面按照粗车—半精车—精车的顺序进行加工,逐步提高加工表面的精度。粗车可在短时间内去除工件表面上大部分加工余量。当粗车后所留余量的均匀性满足不了精加工的要求时,要安排半精车,以保证精加工余量小而均匀。精车要保证加工精度,按图样尺寸由最后一刀连续加工而成。

2. 先近后远

这里所说的远与近,是按加工部位相对于对刀点的距离而言的。一般情况下,离对刀点近的部位先加工,离对刀点远的部位后加工,以便缩小刀具移动距离,减少空行程时间,提高加工效率。对于数控车削而言,先近后远还有利于保持坯件或半成品的刚性,改善其切削条件。

例如,加工如图 3-11 所示的零件时,如果按 $\phi 38mm \rightarrow \phi 36mm \rightarrow \phi 34mm$ 的次序安排车削,不仅会增加刀具返回对刀点所需的空行程时间,而且可能使台阶的外直角处产生毛刺(飞边)。对这类直径相差不大的台阶轴,当第一刀的切削深度(图 3-11 中最大切削深度可达 3mm 左右)未超限时,宜按 $\phi 34mm \rightarrow \phi 36mm \rightarrow \phi 38mm$ 的次序先近后远地安排车削,车刀在一次往返中就可完成三个台阶的车削,减少空行程时间,提高了加工效率。

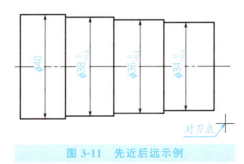

图 3-11　先近后远示例

3. 内外交叉

对既有内表面(内型腔)又有外表面需要加工的零件,在安排加工顺序时,应先进行内外表面粗加工,后进行内外表面精加工。切不可将零件上一部分表面(外表面或内表面)加工完毕后,再加工其他表面(内表面或外表面)。

4. 基面先行

用作精基准的表面应优先加工出来,再以加工出的精基准为定位基准,安排其他表面的加工。因为定位基准的表面越精确,装夹误差就越小。例如,加工轴类零件时,总是先加工中心孔,再以中心孔为精基准加工外圆表面和端面。

通过上述分析,图 3-7 所示零件按先粗后精、先近后远(由右到左)的原则确定加工顺序,即先从右到左进行粗车(留 0.25mm 精车余量),然后从右到左进行精车,最后车削螺纹。

本零件为带螺纹的轴类零件,其外轮廓可采用车削的办法进行加工,螺纹可采用车螺纹的方法进行加工。

可采用粗车外轮廓—精车外轮廓—粗车螺纹—精车螺纹的顺序进行加工。本零件需要

53

车削夹持面和顶尖孔,综合准备阶段工序。本零件工序为车端面—钻中心孔—粗车外轮廓—精车外轮廓—粗车螺纹—精车螺纹。

四 确定进给路线

进给路线是刀具在整个加工过程中的运动轨迹,即刀具从起刀点开始进给运动起,直到加工程序运行结束后退刀返回该点所经过的路径,包括切削加工的路径及刀具切入、切出等空行程路径。确定进给路线的重点在于确定粗加工及空行程的进给路线。

1. 刀具引入、切出

在数控车床上进行加工时,要安排好刀具的引入、切出路线,尽量使刀具沿着轮廓的切线方向引入、切出。

尤其是车螺纹时,因为开始加速时和加工结束时主轴转速和螺距之间的速比不稳定,加工螺纹会发生乱扣现象,所以必须设置升速段 δ_1 和降速段 δ_2,这样可避免因车刀升降速而影响螺距的稳定,如图 3-12 所示。

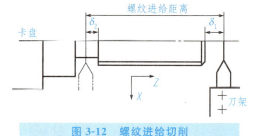

图 3-12 螺纹进给切削

2. 最短的空行程路线

确定最短的进给路线,除了依靠大量的实践经验外,还应善于分析,必要时可辅以一些简单的计算。

1) 巧用起刀点

图 3-13(a)所示为采用矩形循环方式进行粗车的一般情况。其起刀点 A 的设定是考虑到精车等加工过程中需方便地换刀,故将其设置在离坯件较远的位置处,同时将起刀点与其对刀点重合在一起。按三刀粗车的进给路线安排如下:

第一刀为 A→B→C→D→A;
第二刀为 A→E→F→G→A;
第三刀为 A→H→I→J→A。

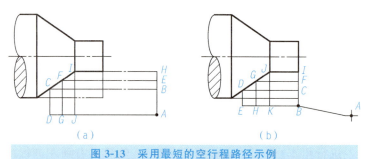

图 3-13 采用最短的空行程路径示例
(a)起刀点与对刀点重合;(b)起刀点与对刀点分离

图 3-13(b)则是将起刀点与对刀点分离,并设于图示 B 点位置,仍按相同的切削量进行三刀粗车,其进给路线安排如下:

起刀点与对刀点分离的空行程为 $A \to B$；

第一刀为 $B \to C \to D \to E \to B$；

第二刀为 $B \to F \to G \to H \to B$；

第三刀为 $B \to I \to J \to K \to B$。

显然，图3-13(b)所示的进给路线短。该方法也可用在其他循环(如螺纹车削)指令格式的加工程序编制中。

2) 巧设换刀点

为了考虑换刀的方便和安全，有时也将换刀点设置在离坯件较远的位置处，如图3-13(a)中的点 A。当换第二把刀后，进行精车时的空行程路线较长；如果将第二把刀的换刀点设置在图3-13(b)中 B 点的位置上，则可缩短空行程距离。

3) 合理安排"回零"路线

在手工编制较复杂轮廓的加工程序时，为使其计算过程尽量简化，既不易出错，又便于校核，编程者有时将每一刀加工完后的刀具终点通过执行"回零"(即返回对刀点)指令返回到对刀点位置，然后执行后续程序。这样会增加走刀距离，降低生产效率。因此，在合理安排"回零"路线时，应使其前一刀终点与后一刀起点间的距离尽量缩短，或者为零，即满足进给路线最短的要求。

3. 最短的切削进给路线

切削进给路线短，可有效地提高生产效率，降低刀具的损耗等。在安排粗加工或半精加工的切削进给路线时，应同时兼顾被加工零件的刚性及加工工艺性等要求，不能顾此失彼。

图3-14所示为三种不同的轮廓粗车切削进给路线。其中，图3-14(a)为利用数控系统的封闭式复合循环功能控制车刀沿着工件轮廓进给路线；图3-14(b)为利用其程序循环功能安排的"三角形"循环进给路线；图3-14(c)为利用矩形循环功能安排的"矩形"循环进给路线。

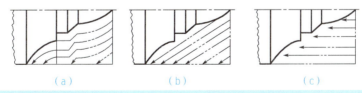

(a)　　　　　　　(b)　　　　　　　(c)

图3-14　三种不同的轮廓粗车切削进给路线示例
(a)封闭式复合循环进给路线；(b)"三角形"循环进给路线；(c)"矩形"循环进给路线

对以上三种切削进给路线进行分析和判断后可知，"矩形"循环进给路线总和最短，因此在同等切削条件下的切削时间最短，刀具损耗最少。

因数控车床具有粗车循环和车螺纹循环功能，只要正确使用编程指令，机床数控系统会自行确定其进给路线，因此该零件的粗车循环和车螺纹循环不需要人为确定其进给路线(但精车的进给路线需要人为确定)。图3-7所示零件从右至左沿零件表面轮廓精车进给，如图3-15所示。其中，机床坐标系原点为 O，工件坐标系原点为 OP，对刀点位置为 O_2，起刀点为 O_1。

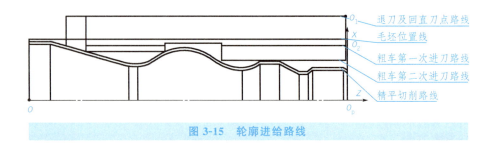

图 3-15 轮廓进给路线

五 确定刀具

合理地选用刀具,是保证产品质量和提高切削效率的重要条件。在选择刀具形式和结构时,应综合考虑一些主要因素,如工件的材料、形状、尺寸、加工要求,以及工艺方案和生产率等。

加工图 3-7 所示零件所选用的刀具如下。

(1)选用 $\phi 5mm$ 中心钻钻削中心孔。

(2)粗车轮廓及车端面选用 75°硬质合金右偏刀,为防止车刀副后面与工件轮廓干涉(可用做图法检验),副偏角不宜太小,选 $K_r'=35°$。

(3)精车轮廓选用 90°硬质合金右偏刀,车螺纹选用 60°硬质合金外螺纹车刀,刀尖圆弧半径应小于轮廓最小圆角半径,取 $r_\varepsilon=0.15\sim0.2mm$。

为了便于编程和操作管理,将所选定的刀具参数填入数控加工刀具卡片中,见表 3-1。

表 3-1 数控加工刀具卡片

产品名称或代号		×××		零件名称	典型轴	零件图号	×××
序号	刀具号	刀具规格名称	数量	加工表面		刀尖半径	备注
1	T01	$\phi 5mm$ 中心钻	1	钻 $\phi 5mm$ 中心孔			
2	T02	75°硬质合金右偏刀	1	车端面及粗车轮廓			
3	T03	90°硬质合金右偏刀	1	精车轮廓			
4	T04	60°硬质合金外螺纹车刀	1	螺纹		0.15	
编制	×××	审核	×××	批准	×××	共 页	第 页

六 确定切削用量

数控车床加工中的切削用量包括切削深度 a_p、主轴转速 n、进给量 f。数控编程时应根据不同的加工方法选用适当的切削用量,以使切削深度、切削速度和进给量三者能相互适应,形成最佳切削参数,这也是工艺处理的重要内容之一。

1. 切削用量的选择原则

选择切削用量时,要在保证加工质量和刀具寿命的前提下,充分发挥车床性能和刀具切削性能，使切削效率最高、加工成本最低。合理选择切削用量的原则如下。

1）粗加工时切削用量的选择原则

首先，选取尽可能大的切削深度；其次，要根据机床动力和刚性的限制条件等，选择尽可能大的进给量；最后，根据刀具耐用度确定最佳切削速度。

2）精加工时切削用量的选择原则

首先，根据粗加工后的余量确定切削深度；其次，根据已加工表面的表面粗糙度要求，选取较小的进给量；最后，在保证刀具寿命的前提下，尽可能选取较高的切削速度。

粗加工时，以提高生产效率为主，但也要考虑经济性和加工成本；而半精加工和精加工时，以保证加工质量为目的，兼顾加工效率、经济性和加工成本。具体数值应根据机床说明书，参考切削用量手册，并结合实践经验而定。

2. 切削用量三要素的确定

1）切削深度 a_p 的确定

在工艺系统（车床—夹具—刀具—零件）刚性好和机床功率允许的情况下，尽可能选取较大的切削深度，以减少进给次数，提高生产效率。当零件的精度要求较高时，应考虑适当留出精车余量，其所留精车余量一般比普通车削时的小，常取 0.1～0.5mm。当粗车后所留的余量的均匀性不能满足精车要求时，则需安排半精车，一般取 1～3mm。

因此，加工图 3-7 所示零件时，轮廓粗车循环选 $a_p=3$mm，精车 $a_p=0.25$mm；螺纹粗车时选 $a_p=0.4$mm，逐刀减少，精车 $a_p=0.1$mm。

2）主轴转速 n 的确定

车削加工（除车螺纹外）时，主轴转速应根据零件上被加工部位的直径、零件和刀具的材料及加工性质等条件来确定。在实际生产中，主轴转速可用式(3-1)计算。

$$n = 1\,000v_c/\pi D \qquad (\text{式 3-1})$$

式中，n——主轴转速，r/min；

v_c——切削速度，m/min；

D——工件直径，mm。

在确定主轴转速时，需要首先确定其切削速度，而切削速度又与切削深度和进给量有关。

车螺纹时的主轴转速 n 可用式(3-2)计算。

$$n \leqslant 1\,200/p - k \qquad (\text{式 3-2})$$

式中，n——主轴转速，r/min；

p——被加工螺纹螺距，mm；

k——保险系数，一般为 80。

原则上只要能保证每转一周时，刀具沿主进给轴（多为 Z 轴）方向位移一个螺距即可，车床主轴转速的选取将考虑到螺纹的螺距（或导程）大小、驱动电动机的升降频率特性及螺纹插补运算速度等多种因素的影响，故对于不同的数控系统，推荐用不同的主轴转速范围。

因为刀具材料为硬质合金，其切削速度应大于 50m/min。综合不同阶段的加工要求，对图 3-7 所示零件车直线和圆弧时，粗车切削速度 $v_c=90$m/min，精车切削速度 $v_c=$

120m/min，然后利用式(3-1)计算主轴转速 n（粗车工件直径 $D=60$mm，精车工件直径取平均值）。

粗车阶段的主轴转速为

$$n = 1\,000v_c/3.14D = 1\,000 \times 90/(3.14 * 60) \approx 477(\text{r/min})$$

圆整后得 $n=500$r/min。

精车阶段的主轴转速为

$$n = 1\,000v_c/3.14D = 1\,000 \times 120/[3.14 \times (56+26)/2] \approx 932.111(\text{r/min})$$

圆整后得 $n=1\,000$r/min。

车螺纹时，参照式(3-2)计算主轴转速为

$$n \leqslant 1\,200/p - k = 1200/3 - 80 = 320(\text{r/min})$$

3) 进给量 f 的确定

进给量是指工件旋转一周，车刀沿进给方向移动的距离，单位为 mm/r，它与切削深度有着较密切的关系。进给速度主要是指在单位时间里刀具沿进给方向移动的距离，单位为 mm/min，有些数控车床规定可选用以进给量(mm/r)表示的进给速度。

进给量是数控车床切削用量中的重要参数，主要根据零件的加工精度和表面粗糙度要求及刀具和工件材料来选择。粗加工时，对加工表面粗糙度要求不高，进给量可以选择得大些，以提高生产效率，一般取 0.3~0.8mm/r；而半精加工及精加工时，要求表面粗糙度值低，进给量应选择得小些，一般取 0.1~0.3mm/r；切断时宜取 0.05~0.2mm/r。

综合切削速度、粗糙度要求，选择精车阶段的进给量 f 为 0.15mm/r。选择粗车每转进给量为 0.4mm/r，精车每转进给量为 0.15mm/r，最后根据公式 $v_f = nf$ 计算粗车、精车进给速度。

精车阶段：

$$v_f = fn = 0.15 \times 1\,000 = 150(\text{mm/min})$$

粗车阶段：

$$v_f = fn = 0.4 \times 500 = 200(\text{mm/min})$$

切削用量应根据加工性质、加工要求、工件材料及刀具的尺寸、材料等查阅切削手册并结合经验确定。此外，还应考虑以下因素。

(1) 刀具差异。不同厂家生产的刀具质量差异较大，所以切削用量须根据实际所用刀具和现场经验加以修正。一般进口刀具允许的切削用量高于国产刀具。

(2) 机床特性。切削用量受机床电动机的功率和机床的刚性限制，必须在机床说明书规定的范围内选取。避免因功率不够发生闷车，或刚性不足产生大的机床变形或振动，影响加工精度和表面粗糙度。

(3) 数控机床的生产率。数控机床的工时费用较高，刀具损耗费用所占比例较低，应尽量用高的切削用量，通过适当缩短刀具寿命来提高数控机床的生产率。

综合前面分析的各项内容，将其填入数控加工工艺卡片中，见表3-2。此表是编制加工程序的主要依据和操作人员配合数控程序进行数控加工的指导性文件，主要内容包括工步顺序、工步内容、各工步所用的刀具及切削用量等。

表 3-2 数控加工工艺卡片

单位名称	×××	产品名称或代号	零件名称	零件图号
		×××	典型轴	×××
工序号	程序编号	夹具名称	使用设备	车间
001	×××	自定心卡盘和活动顶尖	CK6136 数控车床	数控车削实训车间
工步号	工步内容	刀具号	刀具规格(mm)	主轴转速(r/min)	进给速度(mm/min)	切削深度(mm)	备注
1	车端面	T02	25×25	500			手动
2	钻中心孔	T01	φ5	950			手动
3	粗车轮廓	T02	25×25	500	200	3	自动
4	精车轮廓	T03	25×25	1 000	150	0.25	自动
5	粗车螺纹	T04	25×25	320		0.4	自动
6	精车螺纹	T04	25×25	320		0.1	自动
编制	×××	审核	×××	批准	×××	年 月 日	共 页 第 页

单元 3 数控车削编程技术基础

数控加工是指按照事先编制好的零件加工程序，经机床数控系统处理后，使机床自动完成零件的加工。数控加工程序是依据数控加工工艺方案编制的一组数控机床能够识别的字符（包括数字和字母等），用来控制数控机床刀具和工件的运动轨迹，从而加工出合格产品。数控加工程序的编制简称数控编程，是指从分析零件图样到获得数控机床所需控制介质（工序单或控制带）的全过程。不同的数控系统使用的数控程序语言规则和格式不尽相同。本节主要以 SINUMERIK 802D 系统、FANUC 0i 系统为例介绍数控车床加工程序编制的基础知识和编制方法。

一 数控车削程序的组成及格式

数控加工程序是按数控系统规定使用的指令代码、程序段格式和加工程序格式来编制的。因此，只有先了解程序的结构和编程规则，才能正确编写出数控加工程序。

下面以数控车削 φ30mm 外圆轴为例分别介绍 SINUMERIK 802D 系统、FANUC 0i 系统数控车削程序的组成及格式，如图 3-16 所示。

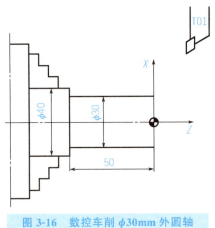

图 3-16 数控车削 φ30mm 外圆轴

1. SINUMERIK 802D 系统程序组成及格式

1) 程序组成

采用 SINUMERIK 802D 系统数控车削加工图 3-7 所示零件，精加工程序见表 3-3。

表 3-3 SINUMERIK 802D 系统精加工程序

	程 序		动 作 说 明
程序名	SC2015		程序名
程序段号	N10	G00 X50 Z50　T1D1	调用 1 号刀并加刀补。建立工件坐标系，刀具快速移动到换刀点
	N20	M03 S500	主轴正转，转速 500 r/min
	N30	G00 X30 Z2	刀具快速定位至工件正前方 2 mm
程序主体	N40	G01 Z-50　F100	切削 φ30mm 端外圆，长度 50mm，进给速度 100 mm/min
	N50	G01 X42	刀具车端面，并退出工件表面
	N60	G00 X50 Z50	快速返回至换刀点
	N70	T1 D0	取消 1 号刀刀补
程序结束段	N80	M05	主轴停转
	N90	M30	程序结束，并返回程序开头

由上述程序可知，一个完整的数控加工程序由程序名、程序段号、程序主体和程序结束段等部分组成。

(1) 程序名。SIEMENS 系统程序名开始两个符号必须是字母，其后的符号可以是字母、数字或下划线；SINUMERIK 802D 系统程序名最多为 16 个字符，而且不得使用分隔符，如 SC2015.MPF（主程序名，后缀 .MPF 可省略）、TESK1.SPF（子程序名，后缀 .SPF 不可以省略）。

(2) 程序段号。程序段号用以识别程序段的编号，由地址码 N 和后面的若干位数字（01～9999）组成，最好以 5 或 10 为间隔由小到大依次排列，以便之后插入程序段时不会改变程序段号的顺序，如第一个程序段采用 N10，第二个程序段可采用 N20，以此类推。

程序段号必须位于程序段之首,用以识别和区分不同的程序段。加工时,数控系统是按照程序段的先后顺序执行的,与程序段号的大小无关,程序段号只起一个标记作用,以便于程序的校验和修改。有些数控系统在说明书中说明了可省略程序段号,但在使用某些循环指令、跳转指令、调用子程序及镜像指令时不可以省略。

(3)程序主体。程序主体是整个程序的核心,由许多程序段组成。每个程序段由若干个字组成,每个字又由表示地址的英文字母、数字和符号组成。程序主体规定了数控机床要完成的全部动作和顺序,包含了加工前的机床状态要求和刀具加工零件时的运动轨迹。

NC 程序由各个程序段组成,每个程序段执行一个加工步骤。一个程序段含有执行一个工序所需的全部数据。程序段由若干个字和段结束符组成。段结束符写在每个程序段之后,表示该程序段结束。SINUMERIK 802D 系统在程序编写过程中进行换行时或按输入键时可以自动产生段结束符。

(4)程序结束段。程序结束可通过程序结束指令 M02 或 M30 实现,它位于整个主程序的最后。

两者均可使机床切断所有动作,区别在于:执行 M02 指令后,机床复位,光标停留在程序结束处;而执行 M30 指令后,机床和数控系统均复位,光标自动返回至程序开头,做好重复加工下一个零件的准备。

2)程序段格式

零件的加工程序由若干以段号大小次序排列的程序段组成。每个程序段由若干个数据字组成,每个字是控制系统的具体指令,它是由表示地址的英文字母、特殊文字和数字集合而成。

现在一般使用字地址可变程序段格式,每个字长不固定,各个程序段中的长度和功能字的个数都是可变的。在字地址可变程序段格式中,在上一程序段中写明的、本程序段里又不变化的那些字仍然有效,可以不再重写。这种功能字称为续效字。

程序段格式举例:

N30　G01　X88.1　Z-30.2　F100　S800　T2D1　M08

N40　X90(本程序段省略了续效字"G01,Z-30.2,F100,S800,T2D1,M08",但它们的功能仍然有效)

在程序段中,必须明确组成程序段的各要素:

移动目标——终点坐标值 X、Z;

沿怎样的轨迹移动——准备功能字 G;

进给速度——进给功能字 F;

切削速度——主轴转速功能字 S;

使用刀具——刀具功能字 T;

机床辅助动作——辅助功能字 M。

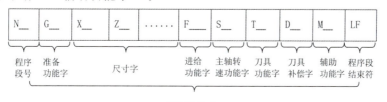

程序段格式

2. FANUC 0i 系统程序组成及格式

1）程序组成

FANUC 0i 系统数控车削加工图 3-7 所示零件的精加工程序见表 3-4。

表 3-4　FANUC 0i 系统精加工程序

	程　序	动作说明
程序起始符	%	
程序名	O0001;	程序名
程序段号	N10　G00 X50 Z50　T0101;	调用 1 号刀并加刀补，建立工件坐标系，刀具快速移动到换刀点
	N20　M03 S500;	主轴正转，转速 500 r/min
	N30　G00 X30 Z2;	刀具快速定位至工件正前方 2 mm
程序主体	N40　G01 Z-50 F100;	切削 φ30mm 端外圆，长度 50 mm，进给速度 100 mm/min
	N50　G01 X42 ;	刀具车端面，并退出工件表面
	N60　G00 X50 Z50;	快速返回至换刀点
	N70　T0100;	取消 1 号刀刀补
程序结束段	N80　M05;	主轴停转
	N90　M30;	程序结束，并返回程序开头
程序结束符	%	程序结束符

由上述程序可知，一个完整的数控加工程序由程序起始符、程序名、程序段号、程序主体、程序结束段、程序结束符等部分组成。

（1）程序起始符。程序起始符表示程序传输的开始。常用的字符有％、＆等，其中 FANUC 0i 系统常用％。手工编程和手动输入时可以省略程序起始符。

（2）程序名。程序名又称程序编号。数控系统采用程序编号地址码区分存储器中的程序，不同数控系统的程序编号地址码不同。例如，日本 FANUC 数控系统采用"O"作为程序编号地址码，德国的 SINUMERIK 数控系统采用"％"作为程序编号地址码，美国的 AB8400 数控系统采用"P"作为程序编号地址码等。

（3）程序段号。其类似于 SINUMERIK 802D 系统中的程序段号。

（4）程序主体。程序主体表示机床要完成的全部动作，是整个程序的核心。程序主体由若干程序段组成，每个程序段由一个或多个指令构成，每个程序段一般占一行，用";"作为每个程序段的结束代码。

（5）程序结束段。其类似于 SINUMERIK 802D 系统中的程序结束段。

（6）程序结束符。程序结束符表示程序传输的结束。常用的字符有％、＆等，其中 FANUC 0i 系统常用％。手工编程和手动输入时可以省略程序结束符。

2）程序段格式

程序段格式举例：

```
N20  G01  X80.5  Z-35  F60  S300  T0101  M03;
```

该程序段中共有 N20、G01、X80.5 等八个程序字，其中";"为程序结束符，其余程序字含义类似于 SINUMERIK 802D 系统。

FANUC 0i 系统程序字及地址符的意义及说明见表 3-5。

表 3-5　FANUC 0i 系统程序字及地址符的意义及说明

程序字	地址码(符)	意　义	说　明
程序号	O	用于指定程序的编号	主程序编号，子程序编号
程序段号	N	又称顺序号，是程序段的名称	由地址符 N 和后面的 2～4 位数字组成
准备功能字	G	用于控制系统动作方式的指令	由地址符 G 和两位数字(00～99)组成，共 100 种。G 功能字是使数控机床做好某种操作准备的指令，如 G01 表示直线插补运动
尺寸字	X、Y、Z、U、V、W、A、B、C、R、I、J、K	用于确定加工时刀具移动的坐标位置	X、Y、Z 用于确定终点的直线坐标尺寸；A、B、C 用于确定终点的角度坐标尺寸；R 用于确定圆弧半径；I、J、K 用于确定圆弧的圆心坐标
进给功能字	F	用于指定切削的进给速度（或进给量）	表示刀具中心运动时的进给速度，由地址符 F 和后面的数字组成，单位为 mm/min 或 mm/r。F 指令在螺纹切削程序段中常用来指定螺纹的导程，单位为 mm/r
主轴功能字	S	用于指定主轴转速	由地址符 S 和后面的数字组成，单位为 r/min。对于具有恒线速度功能的数控机床，程序中的 S 指令用来指定车削加工的线速度
刀具功能字	T	用于指定加工时所用的刀具编号	由地址符 T 和后面的数字组成，数字的位数由所用的系统决定，对于 FANUC 0i 系统数控车床，后跟四位数字，如 T0101 指调用 1 号刀具及 1 号刀补
辅助功能字	M	用于控制机床或系统的辅助装置的开关动作	由地址符 M 和后面的两位数字(00～99)组成，共 100 种。各种机床的 M 代码规定有差异，必须根据说明书的规定进行编程

由上述可知，在程序段"N20　G01　X80.5　Z－35　F60　S300　T0101　M03;"中，各程序字的含义见表 3-6。

表 3-6　示例程序段中各程序字的含义

程序字	含　义
N20	程序段序号字
G01	准备功能字，表示直线插补
X80.5	坐标字，指刀具运动终点的 X 坐标位置在 X 轴正向 80.5 mm 处
Z-35	坐标字，指刀具运动终点的 Z 坐标位置在 Z 轴负向 35 mm 处
F60	进给功能字，表示进给速度为 60 mm/min

续表

程序字	含　义
S300	主轴功能字,表示主轴转速为 300 r/min
T0101	刀具功能字,表示调用 1 号刀具及 1 号刀补
M03	辅助功能字,表示主轴正转
;	程序段结束符号

二、数控车床坐标系的设定

数控车床坐标系是为了确定工件在车床中的位置、车床运动部件的特殊位置（如换刀点、参考点等）及运动范围等建立起来的几何坐标系。在数控车床上加工零件时,刀具与工件的相对运动是以数字的形式体现的。因此,必须建立相应的坐标系,才能明确刀具与工件的相对位置。

♂ 1. 坐标系建立的基本原则

(1)坐标系采用右手笛卡儿直角坐标系,如图 3-17 所示。大拇指的指向为 X 轴的正方向,食指的指向为 Y 轴的正方向,中指的指向为 Z 轴的正方向。围绕 X、Y、Z 轴旋转的圆周进给坐标轴分别用 A、B、C 表示,根据右手螺旋定则,在图 3-17 中,若大拇指指向 $+X$、$+Y$、$+Z$ 方向,则食指、中指等的指向是圆周进给运动的 $+A$、$+B$、$+C$ 方向。

(2)采用假设工件固定不动,刀具相对工件移动的原则。

(3)采用使刀具与工件之间距离增大的方向为该坐标轴的正方向,反之则为负方向,即取刀具远离工件的方向为正方向。旋转坐标轴 A、B、C 的正方向如图 3-17 所示,按右手法则确定。

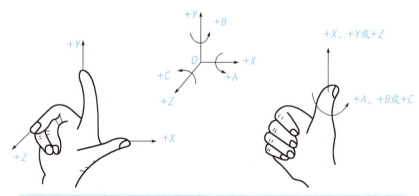

图 3-17　右手笛卡儿直角坐标系

♂ 2. 数控车床坐标系统

数控车床坐标系统分为机床坐标系和工件坐标系。无论采用哪种坐标系统,都规定与车床主轴轴线平行的方向为 Z 轴,且规定从卡盘中心至尾座顶尖中心的方向为正方向。在水平面与车床主轴轴线垂直的方向为 X 轴,且规定刀具远离主轴旋转中心的方向为正方向。对于数控车床来说，Y轴是虚轴。

按刀座与机床主轴的位置，数控车床有前置刀架和后置刀架之分，其中布局在操作者和主轴之间的刀架，称为前置刀架；布局在操作者和主轴外侧的刀架，称为后置刀架。传统的普通车床就是前置刀架车床的一个例子。所有斜床身类型车床都属于后置刀架车床。

图3-18(a)所示为刀架前置的数控车床坐标系统，图3-18(b)所示为刀架后置的数控车床坐标系统。

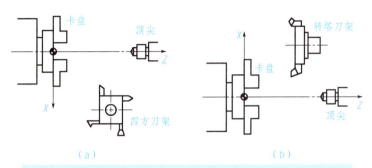

图3-18 数控车床坐标系统
(a)刀架前置的数控车床坐标系统；(b)刀架后置的数控车床坐标系统

1) 机床坐标系及参考点

机床坐标系是机床上固有的坐标系，它是制造和调整机床的基础，也是设置工件坐标系的基础。在机床经过设计、制造和调整后，机床坐标系就已经由机床生产厂家确定好了，一般情况下用户不能随意改动。机床坐标系的原点称为机床原点或机床零点，数控车床机床原点一般取在卡盘端面与主轴中心线的交点处。

参考点也是机床上的一个固定点，它是刀具退到一个固定不变的极限点，该点与机床原点的相对位置如图3-19所示。参考点的固定位置一般设在车床正向最大极限位置，对操作者来说，参考点比机床原点更常用、更重要。

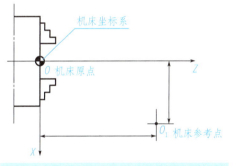

图3-19 机床参考点与机床原点的相对位置

机床通电后，当完成返回参考点操作后，CRT屏幕上立即显示出此时刀架中心在机床坐标系中的位置，这就相当于在数控系统内部建立了一个以机床原点为坐标原点的机床坐标系。

2) 工件坐标系

工件坐标系是编程人员根据零件图样及加工工艺等建立的坐标系，程序中的坐标值均以此坐标系为依据，因此其又称为编程坐标系。工件坐标系的原点即工件原点。在进行数控程序编制时，必须首先确定工件坐标系和工件原点。

数控车床的工件原点一般选在工件右端面或左端面与主轴回转中心的交点上。图3-20所示为数控车床上常用的以工件右端面中心为工件原点建立的工件坐标系。

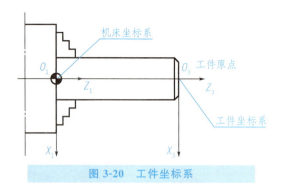

图 3-20 工件坐标系

当工件在机床上定位装夹后,必须先确定工件在机床上的正确位置,以便与机床坐标系联系起来。确定工件具体位置的过程是通过对刀来实现的,所谓对刀,即在机床坐标系中建立工件坐标系,由于机床本身的坐标轴与各轴的正负方向都是确定的,所以建立工件坐标系只需要确定工件原点在机床中的位置即可。

三、常用数控车削基本编程指令

数控加工程序编制的规则首先是由所采用的数控系统来决定的,不同的数控系统对各种指令的功能做了不同规定,所以应详细阅读数控系统编程、操作说明书。这里分别介绍 SINUMERIK 802D 系统和 FANUC 0i 系统的基本编程指令。

1. F、S、T 功能

1) 进给功能字 F

进给功能字为模态指令。在工作时,F 值一直有效,直到被新的 F 值取代。在快速定位时(如 G00 方式下),速度与 F 无关,只能通过机床控制面板上的快速倍率修调旋钮来调整。

F 后数字的单位取决于进给速度的指定方式,见表 3-7。在螺纹切削程序段中,F 指令常用来指定螺纹的导程。当在程序中第一次遇到直线或圆弧插补指令时必须编写 F 值,其实际值可以通过 CNC 操作面板上的进给倍率修调旋钮来调整。当进行螺纹加工时,进给倍率开关无效,进给倍率固定在 100%。

表 3-7 进给功能字 F

数控系统	每分钟进给指令	主轴每转进给指令	通电后系统默认
SINUMERIK 802D 系统	G94	G95	G95 状态
FANUC 0i 系统	G98	G99	G99 状态

F 功能包括每分钟进给(对应的进给量单位为 mm/min)和主轴每转进给(对应的进给量单位为 mm/r)两种指令。对于数控车床而言,F 功能常使用主轴每转进给表示。

(1) SINUMERIK 802D 系统的进给功能字。

G94 定义进给速度单位:mm/min;

G95 定义进给速度单位:mm/r。

编程举例:

N10　M03　S200　F0.2；进给量为 0.2mm/r

……

N60　G94　F200；进给量为 200mm/min

……

N120　G95　F0.3；进给量为 0.3mm/r

……

提示:

①每分钟进给量(mm/min)和主轴每转进给量(mm/r)的转换公式为

$$U_f = fn$$

式中，U_f——每分钟进给量，mm/min；

　　　f——主轴每转进给量，mm/r；

　　　n——主轴转速，r/min。

②G94 和 G95 的作用会扩展到恒定切削速度 G96 和 G97 功能，它们还会对主轴转速 n 产生影响。

(2)FANUC 0i 系统的进给功能字。

G98 定义进给速度单位：mm/min；

G99 定义进给速度单位：mm/r。

编程举例:

N10　M03　S200　F0.2；进给量为 0.2mm/r

……

N60　G98　F200；进给量为 200mm/min

……

N120　G99　F0.3；进给量为 0.3mm/r

……

2)主轴功能字 S

主轴功能字的地址符是 S，又称为 S 功能或 S 指令，用于指定主轴转速(r/min)或切削速度(m/min)，为模态指令。S 所编程的主轴转速可以借助于机床控制面板上的主轴倍率开关进行修调。S 指令指定的切削速度或主轴转速分别由 G96 指令和 G97 指令设定，数控车床开机时默认 G97 指定的主轴转速(r/min)，见表 3-8。

表 3-8　主轴功能字 S

数控系统	切削速度控制指令	主轴转速控制指令	通电后系统默认
SINUMERIK 802D 系统	G96	G97	G97 状态
FANUC 0i 系统	G96	G97	G97 状态

(1)SINUMERIK 802D 系统的主轴功能字。

G96 S__ LIMS=__ (主轴转速上限，只在 G96 中生效)

例如:

N10　M03;　　　　　　　主轴正转

N20　G96 S80 LIMS= 2500；恒定切削速度 80 m/min，转速上限 2 500 r/min

N30　G00 X100;　　　　　　没有转速变化
N110 G97 S1000;　　　　　　取消恒定切削速度，重新定义主轴转速为 1 000 r/min

（2）FANUC 0i 系统的主轴功能字。

恒表面切削线速度设置方法如下：

G96　S__；其中 S 后面数字的单位为 m/min

设置恒表面切削线速度后，若不需要则可以取消，其方式如下：

G97　S__；其中 S 后面数字的单位为 r/min

例如：

G96　S200；表示主轴切向速度（圆周线速度）200 m/min

G97　S200；表示转速 200 r/min

在设置恒表面切削线速度后，由于主轴的转速在工件不同截面上是变化的，为防止主轴转速过高而发生危险，在设置恒表面切削线速度前，可以将主轴最高转速设置在某一个最高值。

切削过程中，当执行恒表面切削线速度时，主轴最高转速将被限制在这个最高值。

设置方法如下：

G50　S__；其中 S 的单位为 r/min。

> **提示：**
> 数控车削加工时，切削速度 v_c 与主轴转速 n 的关系公式为
> $$v_c = \pi dn / 1\,000$$
> 式中，v_c——切削速度，m/min；
> 　　　d——工件待加工表面的直径，mm；
> 　　　n——主轴转速，r/min。

3）刀具功能字 T

刀具功能字为模态指令。刀具功能字的地址符是 T，又称为 T 功能或 T 指令，用于指定加工时所用刀具的编号，对于数控车床而言还具有换刀功能。

当一个程序段同时包含 T 代码和刀具移动指令时，先执行 T 代码，而后执行刀具移动指令。建议：T 指令单独使用一个程序段。

（1）SINUMERIK 802D 系统的刀具功能字。

SINUMERIK 802D 系统的 T 功能采用 T、D 指令编程。利用 T 功能可以选择刀具，利用 D 功能可以选择相关的刀具补偿值。在定义这两个参数时，其编程的顺序为 T、D。

T、D 可写在一起，也可以单独编写。当 D 后面的数字为 0 时，表示取消刀具补偿。若 T 后没有 D 号，则 D1 值自动生效。

例如：

T1D1——T1 用于指定刀具为 1 号刀，D1 用于指定 1 号刀具补偿；

T1D0——表示取消 1 号刀的刀具补偿；

T2——指定 2 号刀，1 号刀的刀具补偿（D1）自动生效。

（2）FANUC 0i 系统的刀具功能字。

FANUC 0i 系统的 T 功能由 T 和其后的若干位数字组成。对于数控车床而言，T 后跟四位数字，前两位数字选择刀具号，后两位数字兼作指定刀具补偿和刀尖圆弧半径补偿，

当后两位数字置为00时表示取消刀具补偿。

例如：

T0101——前两位数字用于选用1号刀具，后两位数字用于指定1号刀具补偿。

T0100——表示取消1号刀的刀具补偿，取消补偿时注意刀具位置。

2. 准备功能

准备功能也称G功能或G代码，由地址符G加两位数值构成该功能的指令。G功能指令用来规定坐标平面、坐标系、刀具和工件的相对运动轨迹、刀具补偿、单位选择、坐标偏置等多种操作。G功能指令分若干组（指令群），有模态功能指令和非模态功能指令之分。非模态功能指令只在所在程序段中有效，因此也称作一次性代码。模态功能指令可与同组G功能指令互相注销，模态功能指令一旦被执行，则一直有效，直至被同组G功能指令注销为止。不同组的G指令可放在同一程序段中；当同一程序段中有多个同组的G代码时，以最后一个为准。下面我们学习G指令中的基本指令。

1）SINUMERIK 802D系统的准备功能

（1）G00指令。

①指令功能：快速点定位，规定刀具以点定位控制方式从刀具所在点快速移动到下一个目标位置，用于切削开始时的快速进刀、切削结束时的快速退刀和空行程中。

②指令格式：

G00 X_ Z_ ;

其中，X、Z为终点坐标值（绝对坐标值）；X采用直径编程；G00也可写成G0。

③编程举例。

如图3-21所示零件，要求刀具快速从A点(122，30)移动到B点(37，3)的运动路线分别为A—B、A—C—B、A—D—B。

编程格式（绝对值编程）如下：

A—B	G00 X37.0 Z3.0
A—C—B	G00 Z3.0
	X37.0
A—D—B	G00 X37.0
	Z3.0

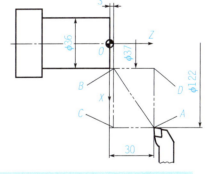

图3-21 快速定位指令编程

提示：

①G00为模态指令，持续有效，直到被同组G代码所取代为止。

②G00移动速度不能用程序指令设定，而是由机床生产厂家预先设定，但是可以通过面板上的快速倍率修调按键调节，即G00指令后面不填写进给功能字F。

③在G00的执行过程中，刀具由程序起点加速到最大速度，然后快速移动，最后减速到终点，实现快速反应。运动过程无运动轨迹要求，无切削加工过程。

④刀具实际移动路线的选择依据是避免刀具移动过程中与工件产生干涉。其目标点不能设置在工件上，一般应距离工件2～5mm。

⑤G00一般用于加工前的快速定位和加工后的快速退刀。

(2)G01 指令。

①指令功能：直线插补指令，使刀具所走的路线为一条直线。G01 作为切削加工指令，既可以单坐标移动，又可以进行两坐标/三坐标联动方式的插补运动，用于加工圆柱形外圆、内孔、锥面等。

②指令格式：

G01 X__ Z__ F__ （G01 也可写成 G1）

其中，X、Z 为终点坐标值（绝对坐标值）；F 为进给速度。

③编程举例。

如图 3-22 所示零件用直线插补指令编程（使用绝对值编程）如下：

```
G00   X52.0   Z2.0        刀具移动到起刀点 B
      X45.0
G01   Z-50.0  F0.25       外圆直线插补
      X52.0               端面直线插补
G00   Z2.0                回起刀点 B
      X122.0
      Z30.0               回换刀点 A
```

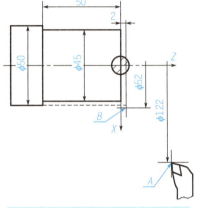

图 3-22　直线插补指令编程

提示：

①G01 为模态指令，持续有效，直到被同组 G 代码取代为止。

②G01 为直线插补指令，必须给定进给速度 F 指令，其进给速度的大小由 F 指令的值决定。F 指令为模态量，程序中的 F 指令在没有新的 F 指令替代的情况下一直有效。

③G01 指令的绝对坐标值编程或增量坐标值编程，由编程者视情况依据 G90、G91 而定。

④没有相对运动的坐标值可以省略不写。

(3)G02/G03 指令。

①指令功能：圆弧插补指令，用于在数控车床上加工圆弧轮廓。其中，G02 为顺时针圆弧插补指令，G03 为逆时针圆弧插补指令，用于加工圆弧形表面。

②G02/G03 方向的判断。

使用 G02/G03 圆弧插补指令，圆弧顺逆方向按右手笛卡儿坐标系确定，依据已知两个坐标轴，判断出第三个坐标轴的正方向。在数控车床中，观察者沿圆弧所在坐标系（XOZ 坐标平面）的垂直坐标轴的负方向（-Y）看去，顺时针方向为 G02 指令，逆时针方向为 G03 指令。前后刀架顺时针和逆时针圆弧插补的判断方法如图 3-23 所示。在后置刀架中，G02 为顺时针圆弧插补，G03 为逆时针圆弧插补。在前置刀架中，G03 为顺时针圆弧插补，G02 为逆时针圆弧插补。前后刀架的圆弧插补方向成镜像关系。

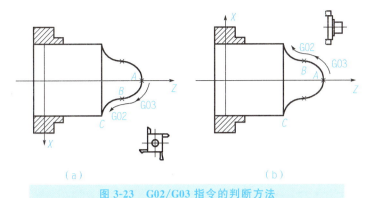

图 3-23　G02/G03 指令的判断方法
(a) 刀架前置圆弧判断方法；(b) 刀架后置圆弧判断方法

③指令格式：

G02/G03	X__ Z__ CR=__ F__	终点和半径式
G02/G03	X__ Z__ I__ K__ F__	终点和圆心式
G02/G03	AR=__ I__ K__ F__	张角和圆心式
G02/G03	X__ Z__ AR=__ F__	张角和终点式

提示：

①G02/G03 为模态指令，在程序中一直有效，直到被同组的其他 G 功能指令取代为止。

②X、Z 是圆弧的终点绝对坐标值。

③不管在绝对编程方式下还是增量编程方式下，I、K 都是圆心相对于圆弧起点的增量值，且一直为增量值；X、I 均采用直径值编程。

④CR 为圆弧半径，AR 是圆弧对应的圆心角，CR 取值的正负取决于 AR 的大小。若圆弧圆心角 AR 小于等于 180°，则 CR 为正值；若圆弧圆心角 AR 大于 180°，则 CR 为负值。

⑤插补圆弧尺寸必须在一定的公差范围内，系统比较圆弧起始点和终点的半径，若其差值在公差范围之内，则可以精确设定圆心，若超出公差范围则给出报警。

④编程举例。

例 1：如图 3-24 所示，BC 为一段 1/4 的顺圆圆弧，试写出其精加工程序。

将编程原点设在工件右端面与中心线的交点上。

按终点和圆心式编程，程序如下：

G02　X50　Z-25　I20　K0

按终点半径式，程序如下：

G02　X50　Z-25　CR= 10

按张角圆心式，程序如下：

G02　AR= 90　I20　K0

按张角终点式，程序如下：

G02　X50　Z-25　AR= 90

例 2： 如图 3-25 所示，AB 为一段 1/4 的逆圆圆弧，试写出其精加工程序。

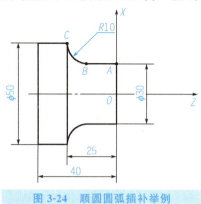

图 3-24 顺圆圆弧插补举例

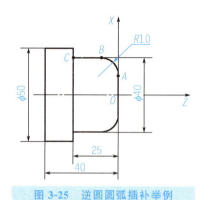

图 3-25 逆圆圆弧插补举例

将编程原点设在右端面与中心线的交点上。
按终点和圆心式编程，程序如下：
G03 X40　Z-10　I0　K-10
按终点和半径式编程，程序如下：
G03 X40　Z-10　CR= 10
按张角和圆心式编程，程序如下：
G03　AR= 90　I0　K-10
按张角终点式编程，程序如下：
G03　X40　Z-10　AR= 90

例 3： 如图 3-26 所示，该零件是同时包含顺圆弧和逆圆弧的综合实例，试写出从 A 点到 D 点的精加工程序。

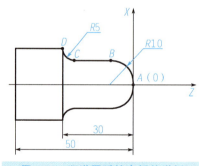

图 3-26 顺逆圆弧综合插补举例

本例将给出一个完整的程序，编程原点仍然设在工件的右端面与中心线的交点处，程序如下：

N10 M03 S600 T1D1;　　　　　主轴正转，并将 1 号刀转到工作位置
N20 G00 X0 Z4;　　　　　　　快速定位
N30 G01 Z0 F0.5;　　　　　　将刀具靠到圆弧起点 A 上
N40 G03 X20 Z-10 I0 K-10 F0.2;　A—B 逆圆圆弧插补
N50 G01 Z-25;　　　　　　　　B—C 直线插补
N60 G02 X30 Z-30 I10 K0;　　　C—D 顺圆圆弧插补

N70 G28 X40 Z0 T1D0;　　　　　　回参考点,并取消刀补
N80 M05 M02;　　　　　　　　　　主轴停转,程序结束

(4) G04 指令。

① 指令功能:暂停功能,程序暂时停止运行,刀架停止进给,但主轴继续旋转。

② 指令格式:

G04 F__ 暂停 F 地址下给定的时间(s)

G04 S__ 暂停主轴转过地址 S 时设定的转数所消耗的时间

提示:

① G04 指令是非模态指令,只在本段有效;

② G04 S 只有在受控主轴情况下才有效(当转速给定值同样通过 S 编程时)。

③ 编程举例。

车削 φ(20±0.1)mm 的槽(图 3-27),假设槽的精度要求较高,可以采取让刀具在槽底停留片刻的方法获得较高的精度,其程序如下:

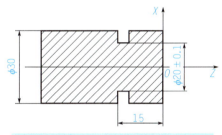

图 3-27　G04 指令编程

N10 M03 S300 T1D1;　　　　　　主轴正转,1号切槽刀转到工作位置
N20 G00 X32 Z-15 F0.15;　　　　进给速度F,定位到切槽起点
N30 G01 X20 F0.1;　　　　　　　切槽
N40 G04 F1.5;　　　　　　　　　槽底暂停 1.5 s
(N40 G04 S30;　　　　　　　　　相当于在 S=300 r/min 和转速修调 100% 时,暂停 0.1 min)
N50 G00 X32;　　　　　　　　　 退出
N60 M05 M02;　　　　　　　　　 主轴停转,程序结束

(5) G90/G91 指令。

① 指令功能:G90 用于绝对值尺寸输入,表示坐标轴编程值是相对于坐标原点的坐标尺寸;G91 用于增量值尺寸输入,表示坐标轴编程值是相对于前一位置的位移矢量坐标尺寸。

② 指令格式。

a. 绝对值数据输入格式如下:

G90 G00 X__ Z__;

G90 G01 X__ Z__ F__;

b. 增量值数据输入格式如下:

G91 G00 X__ Z__;

G91 G01 X__ Z__ F__;

提示：

①G90是开机默认指令，为模态指令，持续有效，直到在后面的程序段中由G91替代为止。

②G91为模态指令，移动方向由符号决定，在以后的程序段中由G90替代。

③除了采用G90/G91（绝对值/增量值）尺寸输入制式外，还可以用AC/IC（绝对/增量）尺寸输入制式。采用AC/IC可以在程序段中单独指定某坐标轴的输入制式，从而实现同一程序段中绝对/增量制式的混合编程。例如：

G90 G00 X=IC(__)Z__ ; X轴为增量尺寸输入，Z轴为绝对尺寸输入；

G91 G01 X__ Z=AC(__) F__ ; X轴为绝对尺寸输入，Z轴为增量尺寸输入

④当图样尺寸有一个固定基准标注时，采用绝对值编程模式较为方便；当图样尺寸采用链式标注时，采用增量值编程模式较为方便。在数控车削编程中，X轴选用绝对值模式，Z轴在链式标注时选用增量模式能便于编程并减少加工误差。

③编程举例。

试写出图3-28所示零件的精加工程序。

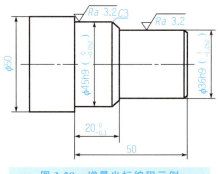

图3-28 增量坐标编程示例

程序如下：

……

N50　G90 G00 X34 Z0;　　　　　　绝对坐标编程，定位至轮廓起点

N60　G01 X36 Z=IC(-1) F0.1;　　　倒角C1，X轴绝对坐标编程，Z轴增量坐标编程

N70　Z=IC(-29);　　　　　　　　　车φ36mm外圆，Z轴增量坐标编程

N80　X45　Z=IC(-3);　　　　　　　倒角C3，X轴绝对坐标编程，Z轴增量坐标编程

N90　Z=IC(-17);　　　　　　　　　车φ45mm外圆，Z轴增量坐标编程

N100 X50;　　　　　　　　　　　　车端面

……

(6) 倒角。

①指令功能：在直线轮廓之间、圆弧轮廓之间及直线轮廓和圆弧轮廓之间切入一直线并倒去棱角，如图3-29所示。

②指令格式：

CHF=__ 。

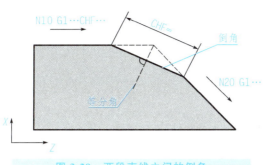

图 3-29 两段直线之间的倒角

提示：
①指令 CHF 后的数值为倒角长度。
②在一个轮廓拐角处可以插入倒角，CHF 与加工拐角的轴运动指令一起写入程序段。
③CHF 需要知道未倒角轮廓的交点坐标。CHF 只能加工等值倒角边。
④编程加工时，若其中一个程序段轮廓长度不够，则在倒角时自动削减编程值。若几个连续的程序段中有不含坐标轴移动指令的程序段，则不可以进行倒角编程。

③编程举例。
简化图 3-28 所示的倒角程序如下：
……
N70 G01　Z=IC(-29);
N80 G01　X45 Z=IC(-20) CHF=3
……

（7）倒圆。
①指令功能：在直线轮廓之间、圆弧轮廓之间及直线轮廓和圆弧轮廓之间切入一段圆弧，圆弧与轮廓之间以切线过渡，如图 3-30 所示。

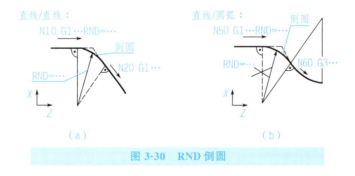

图 3-30　RND 倒圆

②指令格式：
RND=＿＿

提示：
①令 RND 后的数值为倒圆半径。
②RND 需要知道未倒角轮廓的交点坐标。RND 只能加工相切圆。
③其余注意事项同倒角。

③编程举例。

对于图 3-30(a)所示的倒圆程序如下：

N10　G01　Z__　RND=8；　　　倒圆，半径 R=8 mm
N20　G01　X__　Z__

对于图 3-30(b)所示的倒圆程序如下：

N80　G01　Z__　RND=12；　　倒圆，半径 R=12 mm
N90　G03　X__　Z__　CR=__

(8)G17/G18 指令。

①指令功能：G17 用于选择 XOY 坐标平面，用于加工中心上；G18 用于选择 XOZ 坐标平面，车床上的默认状态为选择 XOZ 坐标平面。

②指令格式：

G17/G18

说明：G17/G18 指令后面可不跟参数，可单独使用。

(9)G74/G75 指令。

①指令功能：G75 指令是指回机床中某个固定点的指令，该固定点是临时设定的，如换刀点等；G74 指令是指刀架回机床参考点的指令。

②指令格式：

G74/G75 X0 Z0

说明：G74/G75 中的 X、Z 坐标后面的数字没有实际意义；这两个指令都是非模态量，只在本程序段有效。

(10)G54～G57、G500、G53 工件装夹——可设定零点偏置。

①指令功能：可设定机床坐标系原点(零点)偏置，给出工件坐标系原点在机床坐标系中的位置(工件坐标系原点以机床坐标系原点为基准偏移)。当工件装夹到机床上后求出偏移量，并通过操作面板预置输入规定的偏置寄存器(如 G54～G57)中。程序可以通过选择相应的 G54～G57 偏置寄存器激活预置值，从而确定工件坐标系原点的位置，建立工件坐标系。

②指令格式：

G54；　　　第一可设定零点偏置
G55；　　　第二可设定零点偏置
G56；　　　第三可设定零点偏置
G57；　　　第四可设定零点偏置
G500；　　取消可设定零件偏置——模态有效
G53；　　　取消可设定零点偏置——程序段方式有效，可编程的零点偏置也一起取消

用 G500 或 G53 可以取消可设定零点偏置，从而转换为直接机床坐标系编程，这种情况较少使用。

③编程举例。

N10 G54;   调用可设定零点偏置，建立工件坐标系
N20 X__ Z__   在工件坐标系中运行
……
N90 G500 G00 X__;   取消可设定零点偏置，直接在机床坐标系中运行

(11) G33 指令。

①指令功能：恒螺距螺纹加工，可以进行圆柱螺纹、圆锥螺纹、端面螺纹等各种类型单头螺纹与多头螺纹的加工。

②指令格式：

G33 Z__ K__ SF=__ ；圆柱螺纹

G33 X__ Z__ K__ SF=__ ；Z轴位移大于X轴位移的锥螺纹

G33 X__ Z__ I__ SF=__ ；X轴位移大于Z轴位移的锥螺纹

G33 X__ I__ SF=__ ；端面螺纹

其中，X、Z为螺纹终点坐标值；I、K为圆柱螺纹的导程（单线螺纹为螺距）；SF为螺纹起始角。

> **提示：**
> ①编写螺纹加工程序时，要注意设置升速进刀段和降速退刀段。
> ②在螺纹加工中切削位置偏移以后及在加工多头螺纹时，均要求起始点偏移一定数值。该值为不带小数点的非模态值，其单位为 $0.0001°$。对于单线螺纹，该值为 $0°$，不用指定。

③编程举例。

例：圆柱双头螺纹，起始点偏移 $180°$，螺纹长度（包括导入空刀量和退出空刀量）为 100mm，螺距为 4mm/r。右旋螺纹，圆柱已经预加工好。

N10 G54 G00 G90 X50 Z5 S500 M0;3   回起始点，主轴右转
N20 G33 Z-100 K4 SF=0;   螺距为 4 mm/r
N30 G00 X54
N40 Z5
N50 X50
N60 G33 Z-100 K4 SF=180;   第二条螺纹线，180°偏移
N70 G00 X54

SINUMERIK 802D 数控系统的常用 G 代码及其功能见表 3-9。

表 3-9 SINUMERIK 802D 数控系统的常用 G 代码及其功能

地址	组别	功能	程序格式及说明
G0		快速点定位	G0 X__ Z__
G1		直线插补	G1 X__ Z__ F__
G2	01	顺时针方向圆弧插补	G2 X__ Z__ I__ K__ F__ 圆心和终点
G3		逆时针方向圆弧插补	G3 X__ Z__ CR=__ F__ 半径和终点
G4	02	暂停	G4 F__ 或 G4 S__ 自身程序段有效

续表

地址	组别	功能	程序格式及说明
CIP	01	中间点圆弧插补	CIP X__ Z__ I1__ K1__ F__
CT		带切线过渡的圆弧插补	CT X__ Z__ I1__ K1__ F__
G17	06	选择XOY平面	G17
G18*		选择XOZ平面	G18
G19		选择YOZ平面	G19
G25*	03	主轴转速下限	G25 S__ S1__ S2__
G26*		主轴高速限制	G26 S__ S1__ S2__
G33	01	恒螺距的螺纹切削	G33 Z__ K__ SF__ 圆柱螺纹
G34		变螺距，螺距增大	G34 Z__ K__ F__
G35		变螺距，螺距减小	G35 Z__ K__ F__
G40	07	刀具半径补偿方式的取消	G40
G41		调用刀尖半径补偿，刀具在轮廓左侧移动	G41 G1 X__ Z__
G42		调用刀尖半径补偿，刀具在轮廓右侧移动	G42 G1 X__ Z__
G53*	09	按程序段方式取消可设定零点偏置	G53
G500		取消可设定零点偏置	G500
G54	08	第一工件坐标系偏置	G54
G55		第二工件坐标系偏置	G55
G56		第三工件坐标系偏置	G56
G57		第四工件坐标系偏置	G57
G58		第五工件坐标系偏置	G58
G59		第六工件坐标系偏置	G59
G64	10	连续路径加工	G64
G70	13	英制尺寸	G70
G71		公制尺寸	G71
G700		英制尺寸，也用于进给速度F	G700
G710		公制尺寸，也用于进给速度F	G710
G74*	02	回参考点	G74 X__ Z__ 自身程序段有效
G75*		回固定点	G75 X__ Z__ 自身程序段有效
G90*	14	绝对尺寸	G90
G91		增量尺寸	G91
G94	15	进给速度F，单位为mm/min	G94
G95*		进给速度F，单位为mm/r	G95
G96		恒定切削速度（F单位为mm/r，S单位m/min）	G96 LIMS__ F__
G97		删除恒定切削速度	G97

注：带"＊"的功能在程序启动时生效(指系统处于供货状态，没有编程新的内容时)。

2)FANUC 0i 系统的准备功能

(1)G00 指令。

①指令功能:功能类似于 SINUMERIK 802D 系统中 G00。

②指令格式:

G00 X(U)__ Z(W)__ ;

其中,X、Z 为用绝对尺寸编程时的终点坐标值;U、W 为用增量尺寸编程时刀具的终点相对于起点移动的距离。

(2)G01 指令。

①指令功能:功能类似于 SINUMERIK 802D 系统中 G01。

②指令格式:

G01 X(U)__ Z(W)__ F__ ;

其中,X、Z 为用绝对尺寸编程时的终点坐标值;U、W 为用增量尺寸编程时刀具的终点相对于起点移动的距离;F 为刀具的进给速度(进给量),其倍率可调整。

> **提示:**
> ①FANUC 0i 系统 G01 后面的坐标值取绝对值编程还是增量值编程,由尺寸字地址决定。
> ②若在 G01 程序段之前没有 F 指令,而现在的 G01 程序段中也没有 F 指令,则进给速度就会被当作 0,机床不运动,并且数控系统会发出报警。

如图 3-22 所示零件用直线插补指令编程(使用增量值编程)如下:

```
G00  U-70.0  W-28.0;        刀具从换刀点 A 移动到起刀点 B
     U-7.0;                 进刀,切削深度 2.5 mm
G01  W-50.0  F0.25;         外圆直线插补
     U7.0;                  端面直线插补
G00  W52.0;                 回起刀点 B
     U70.0;
     W28.0;                 回换刀点 A
```

(3)G02/G03 指令。

①指令功能:功能类似于 SINUMERIK 802D 系统中 G02/G03。

②G02/G03 方向的判断:判断方法类似于 SINUMERIK 802D 系统中 G02/G03。

③指令格式:

G02/G03 X(U)__ Z(W)__ I__ K__ F__ ;   终点和圆心式

G02/G03 X(U)__ Z(W)__ R__ F__ ;   终点和半径式

> **提示:**
> ①G02——顺时针方向圆弧插补;G03——逆时针方向圆弧插补。
> ②X、Z——圆弧终点坐标值;U、W——圆弧终点相对起点的增量值。
> ③I、K——圆心相对圆弧起点的增量值。整圆编程时只能使用分矢量 I、K 方式编程。
> ④R——圆弧半径。当圆弧的圆心角小于等于 180°时,R 值为正;当圆弧的圆心角大于 180°时,R 值为负。

④编程举例。

例 1：试写出如图 3-24 所示圆弧精加工程序。

将编程原点设在工件右端面与中心线的交点上。

按终点和圆心式编程，程序如下：

G02　X50　Z-25　I20　K0；绝对坐标编程

G02　U20　W-10　I20　K0；增量坐标编程

按终点和半径式编程，程序如下：

G02　X50　Z-25　R10；绝对坐标编程

G02　U20　W-10　R10；增量坐标编程

例 2：试写出如图 3-25 所示圆弧精加工程序。

将编程原点设在右端面与中心线的交点上。

按终点和圆心式编程，程序如下：

G03 X40　Z-10　I0　K-10；绝对坐标编程

G03 U20　W-10　I0　K-10；增量坐标编程

按终点和半径式编程，程序如下：

G03 X40　Z-10　R10；绝对坐标编程

G03 U20　W-10　R10；增量坐标编程

例 3：试写出如图 3-26 所示零件从 A 点到 D 点的精加工程序。

本例将给出一个完整的程序，编程原点仍然设在工件的右端面与中心线的交点处，程序如下：

N10 M03 S600 T0101；　　　　主轴正转，并将 1 号刀转到工作位置

N20 G00 X0 Z4；　　　　　　　快速定位

N30 G01 Z0 F0.5；　　　　　　将刀具靠到圆弧起点 A 上

N40 G03 X20 Z-10 R10 F0.2；　A—B 逆圆圆弧插补

N50 G01 Z-25；　　　　　　　 B—C 直线插补

N60 G02 X30 Z-30 I10 K0；　　C—D 顺圆圆弧插补

N70 G28 X40 Z0 T0100；　　　 回参考点，并取消刀补

N80 M05 M02；　　　　　　　　主轴停转，程序结束

(4) G04 指令。

①指令功能：功能类似于 SINUMERIK 802D 系统中 G04。

②指令格式：

G04　X(P)__；

其中，X 为暂停时间，用小数点编程指定，单位为 s；P 为暂停时间，只能用整数指定，单位为 ms。

> **提示**：
>
> 在进行镗孔、车槽、车阶梯轴等加工时，常要求刀具在短时间内实现无进给光整加工，此时可用 G04 指令实现刀具暂时停止进给。G04 为非模态指令，只在本程序段中有效。

③编程举例。

试写出如图 3-27 所示零件中，槽底停留片刻的程序：

N40 G04 X1.5;　　　　　　　槽底暂停 1.5s
(N40 G04 P1500;　　　　　　暂停 1500ms)

(5)绝对/增量尺寸字。

FANUC 0i 系统利用地址(X、Z)设定绝对尺寸，用(U、W)设定增量尺寸，混合编程时为(X、W)或(U、Z)。

试写出如图 3-28 所示零件的精加工程序。

......

N50　G00 X34 Z0;　　　　　　绝对坐标编程，定位至轮廓起点
N60　G01 X36 W-1 F0.1;　　　倒角 C1，X 轴绝对坐标编程，Z 轴增量坐标编程
N70　W-29;　　　　　　　　　车 ϕ36mm 外圆，Z 轴增量坐标编程
N80　X45 W-3;　　　　　　　 倒角 C3，X 轴绝对坐标编程，Z 轴增量坐标编程
N90　W-17;　　　　　　　　　车 ϕ45mm 外圆，Z 轴增量坐标编程
N100 X50;　　　　　　　　　 车端面

......

(6)G27/G28/G29 指令。

①自动返回参考点。

指令格式：

G28　X__　Z__;

其中，X、Z 为返回运动中间点的坐标值(该点不能超过参考点)。

②返回参考点校验。

指令格式：

G27　X__　Z__;

其中，X、Z 为参考点的坐标值。

③从参考点返回。

指令格式：

G29　X__　Z__;

其中，X、Z 为返回点的坐标值。

> **提示：**
> G27 指令用于加工过程中检查机床是否准确返回参考点，准确返回时各轴参考点的指示灯亮，否则指示灯不亮。G28 指令能使受控的坐标轴从任何位置以最快速的定位方式经中间点自动返回参考点，到达参考点时，相应坐标轴的指示灯亮。G29 指令一般跟在 G28 指令后使用，用于刀具自动换刀后返回所需加工的位置。

④编程举例。

如图 3-31 所示，用 G28 指令执行回参考点换刀的程序如下：

N10　G28　X20 Z100;　　　　自动返回参考点，G28 的程序轨迹为 1→2→R
N20　M06　T0202;　　　　　 换 2 号刀及刀补
N30　G29　X10 Z150;　　　　 从参考点返回，G29 的程序轨迹为 R→2→3

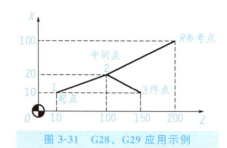

图 3-31　G28、G29 应用示例

(7) G50 指令。

①指令功能：设定工件坐标系。

②指令格式：

G50　X__　Z__；

其中，X、Z 为刀具出发点在工件坐标系中的坐标值。

> **提示：**
>
> G50 指令是规定刀具起始点（或换刀点）至工件原点的距离。该指令通常出现在程序第一段，用于首次设定工件坐标系，也可出现在程序中，用于重新设定工件坐标系。设定工件坐标系前机床应进行返回参考点和对刀操作。

③编程举例。

例：如图 3-32 所示，设置工件坐标系的程序如下：

G50　X120　Z33.9；　　X——直径值

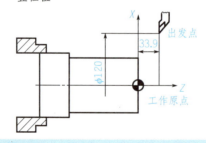

图 3-32　工件坐标系设定指令应用示例

(8) G54～G59 指令。

①指令功能：选择工件坐标系。

②指令格式：

(G54～G59)　X__　Z__；

其中，X、Z 为工件原点在机床坐标系中的坐标值。

> **提示：**
>
> ①G54～G59 是系统预定的六个坐标系，可根据需要任意选用。这些指令是在编程过程中进行工件坐标系的平移变换，使工件原点偏移到新的位置。
>
> ②用 G54～G59 指令设置工件坐标系时，必须先将 G54～G59 的坐标值设置在原点寄存器中，编程时再分别用 G54～G59 指令调用。工件坐标系一旦选定，后续程序段中绝对值编程时的指令值均为对此工件坐标系原点的值。

③编程举例。

例：用 G54 指令设定如图 3-33 所示的工件坐标系。

N10　G54　X0　Z85;　　　　　设置 G54 原点偏置寄存器
N20　G54;　　　　　　　　　　在程序中调用

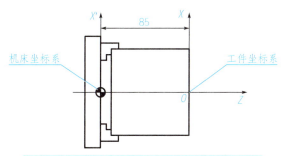

图 3-33　用 G54 指令设定工件坐标系

(9) G32 指令。

①指令功能：等螺距螺纹的切削。

②指令格式：

G32　X(U)__　Z(W)__　F__;

其中，X、Z 为螺纹切削终点的坐标值，X(U)省略时为圆柱螺纹切削，Z(W)省略时为端面螺纹切削，X(U)、Z(W)均不省略为锥面螺纹切削；U、W 为螺纹切削终点相对于起点的坐标增量；F 为螺纹的导程，单位为 mm。

提示：

G32 指令加工螺纹时，其加工路线一般为一矩形，即从螺纹起点以 G00 方式径向进刀，然后进行纵向车螺纹，再以 G00 方式径向退刀、纵向退刀，如图 3-34 所示。

③编程举例。

如图 3-35 所示，试用 G32 指令编写圆柱螺纹切削程序。

图 3-34　螺纹切削加工过程

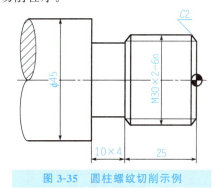

图 3-35　圆柱螺纹切削示例

加工程序如下：

O0007;
N10　G54　G98　G21;　　　　用 G54 指定工件坐标系，分进给，米制编程
N20　M03　S600;　　　　　　主轴正转，转速 600 r/min
N30　T0101;　　　　　　　　　换螺纹刀，导入刀具和刀补

```
N40  G00  X32  Z4;              快速到达循环起点,考虑空刀导入量
N50  G01  X29.1  F60;            进给到切螺纹起始点径向外侧(起刀点)
N60  G32  Z-27  F2;              螺纹切削深度0.9 mm,切第一次
N70  G01  X32  F60;              沿径向退出
N80  G00  Z4;                    快速返回到起刀点
N90  G01  X28.5  F60;            切第二次
N100 G32  Z-27  F2;
N110 G01  X32  F60;
N120 G00  Z4;
N130 G01  X27.9  F60;            切第三次
N140 G32  Z-27  F2;
N150 G01  X32  F60;
N160 G00  Z4;
N170 G01  X27.5  F60;            切第四次
N180 G32  Z-27  F2;
N190 G01  X32  F60;
N200 G00  Z4;
N210 G01  X27.4  F60;            切第五次(精车)
N220 G32  Z-27  F2;
N230 G01  X32  F60;
N240 G00  X100;
N250 Z100;                       退刀
N260 M30;                        程序结束
```

FANUC 0i 数控系统的常用 G 代码及其功能见表 3-10。

表 3-10 FANUC 0i 数控系统的常用 G 代码及其功能

地址	组别	功能	程序格式及说明
G00		快速进给、定位	G00 X_ Z_ ;
G01	01	直线插补	G01 X_ Z_ F_ ;
G02		顺时针圆弧插补	G02/G03 X_ Z_ R_ F_ ;或
G03		逆时针圆弧插补	G02/G03 X_ Z_ I_ K_ F_ ;
G04	00	暂停	G04 X_ /U_ /P_ ; X, U 单位: s; P 单位: ms(整数)
G20	06	英制输入	G20;
G21		米制输入	G21;
G28	00	回归参考点	G28 X_ Z_ ;
G29		由参考点回归	G29 X_ Z_ ;
G32	01	螺纹切削(由参数指定绝对和增量)	G32 X(U)_ Z(W)_ F_ ; F 指定单位为 mm/r 的导程

续表

地址	组别	功能	程序格式及说明
G40	07	刀具补偿取消	G40;
G41		左半径补偿	G41/G42 G00/ G01 X_ Z_ F_ ;
G42		右半径补偿	
G50	00	设定工件坐标系/主轴最高转速限制	设定工件坐标系：G50 X_ Z_ ; 偏移工件坐标系：G50 U_ W_ ;
G53		机械坐标系选择	G53 X_ Z_ ;
G54	12	选择工件坐标系 1	G54- G59 G00/G01 X_ Z_ ;
G55		选择工件坐标系 2	
G56		选择工件坐标系 3	
G57		选择工件坐标系 4	
G58		选择工件坐标系 5	
G59		选择工件坐标系 6	
G70	00	精加工循环	G70 P(ns) Q(nf);
G71		外圆粗车循环	G71 U(△d) R(e); G71 P(ns) Q(nf) U(△u) W(△w) F_ ;
G72		端面粗切削循环	G72 U(△d) R(e); G72 P(ns) Q(nf) U(△u) W(△w) F_ ;
G73		封闭切削循环	G73 U(△i) W(△k) R(△d); G73 P(ns) Q(nf) U(△u) W(△w) F_ ;
G74		端面切断循环	G74 R(e); G74X(U)_ Z(W)_ P(△i)Q(△k)R(△d) F_ ;
G75		内径/外径切断循环	G75 R(e); G75X(U)_ Z(W)_ P(△i)Q(△k)R(△d) F_ ;
G76		复合型螺纹切削循环	G76 P(m) r) (a) Q(△dmin)R (d); G76X(U)_ Z(W)_ R(i) P(k)Q(△d)F(L);
G90	01	直线车削循环加工	G90 X(U)_ Z(W)_ R_ F_ ;
G92		螺纹车削循环	G92 X(U)_ Z(W)_ R_ F_ ;
G94		端面车削循环	G94 X(U)_ Z(W)_ R_ F_ ;
G96	02	恒线速度设置	G96 S_ ;
G97		恒线速度取消	G97 S_ ;
G98	05	每分钟进给速度	G98 F_ ;
G99		每转进给速度	G99 F_ ;

注：

① G代码有两类：模态G代码和非模态G代码。其中非模态G代码只限于在被指定的程序段中有效，模态G代码具有续效性，在后续程序段中，只要同组其他G代码未出现之前一直有效。G代码按其功能的不同分为若干组，其中00组的G代码为非模态，其他均为模态G代码。

② G代码按其功能进行了分组，同一功能组的代码可相互代替，但不允许写在同一程序段中。

3. 辅助功能

辅助功能又称 M 指令或 M 代码，主要用来表示机床操作时各种辅助动作及其状态。其特点是靠继电器的得、失电来实现其控制过程，如主轴的旋转、切削液的开/关等。ISO 标准中 M 功能从 M0 至 M99，共有 100 种。SINUMERIK 802D 数控系统常用的 M 代码及其功能见表 3-11，FANUC 0i 数控系统常用的 M 代码及其功能见表 3-12。

表 3-11　SINUMERIK 802D 数控系统常用的 M 代码及其功能

地址	含义	说明
M0	程序停止	按 M0 停止程序执行，按"启动"键加工继续执行
M1	程序选择停	按下"任选停止"键，该指令有效，否则无效
M2	程序结束	程序结束，光标停在程序的最后一段
M3	主轴正转	主轴顺时针旋转
M4	主轴反转	主轴逆时针旋转
M5	主轴停止	
M6	换刀指令	机床数据有效时，用 M6 指令换刀，其他情况下用 T 指令换刀
M8	切削液开	
M9	切削液关	
M30	程序结束	程序结束，光标回到程序开头

表 3-12　FANUC 0i 数控系统常用的 M 代码及其功能

地址	含义	说明
M00	程序暂停	执行 M00 后，机床所有动作均被切断，重新按下自动循环启动按钮，程序继续运行
M01	计划暂停	与 M00 作用相似，但 M01 可用机床"任选停止"键选择是否有效
M03	主轴顺时针旋转	主轴顺时针旋转
M04	主轴逆时针旋转	主轴逆时针旋转
M05	主轴旋转停止	主轴旋转停止
M06	自动换刀	用于自动换刀或显示待换刀号
M08	切削液开	切削液开
M09	切削液关	切削液关
M02	主程序结束	执行 M02 后，机床便停止自动运转，机床处于复位状态
M30	主程序结束	执行 M30 后，返回到程序的开头，而 M02 可用参数设定不返回到程序开头，程序复位到起始位置
M98	调用子程序	调用子程序
M99	子程序结束	子程序结束，返回主程序

注：由于机床的厂家很多，每个厂家使用的 G 功能、M 功能与 ISO 标准也不完全相同，因此对某一台数控机床，必须根据机床说明书的规定进行编程。

4. 子程序的应用

在编写数控加工程序时，如果一个程序中包含固定顺序或频繁重复出现相同加工轮廓的图形,则可以将这组程序单独编写并存储,这组程序就称为子程序。应用时,主程序可以通过相关指令调用子程序。

1)SINUMERIK 802D 系统的子程序

原则上讲,主程序与子程序之间没有区别。子程序位于主程序的适当地方,在需要时进行调用、运行。子程序的另一种形式就是加工循环。加工循环包括一般通用的加工工序,如螺纹车削、坯料切削加工等,通过给规定的计算参数赋值就可以实现各种具体的加工。

(1)结构。子程序的结构与主程序的结构一样,但是子程序运行结束后返回主程序。

(2)子程序命名。为了方便选择某一子程序,必须给子程序取一个程序名。程序名可以自由选取,但必须符合以下规定。

①开始两个符号必须是字母。

②其他符号为字母、数字或下划线。

③最多为八个字符。

④没有分隔符。

⑤子程序的命名还可以使用地址符 L,其后值可以有七位数字(只能为整数)。地址符L 之后的每个零均有意义,不可省略。例如,L0001、L0011、L0111 分别表示三个不同的子程序。

(3)子程序结束。子程序结束除了用 M02 指令外,还可以采用 M17 指令和 RET 指令。RET 指令要求占用一个独立的程序段。用 RET 指令结束子程序后,将返回主程序,且不会中断 G64 连续路径运动形式。用 M02 指令结束子程序,会中断 G64 运行方式。

(4)子程序调用。在一个程序中(主程序或子程序)可以直接用程序名调用子程序。子程序调用要求占用一个独立的程序段。例如,N30 WLK1 表示调用子程序 WLK1;N80 L006 表示调用子程序 L006。

(5)子程序重复调用次数。如果要求多次连续地执行某一子程序,则在编程时必须在所调用的子程序名后面地址 P 下写入调用次数,最多可以调用 9 999 次(1~9 999)。例如,N40 WLK1 P3 表示调用子程序 WLK1 运行 3 次。

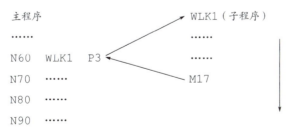

(6)子程序嵌套。为了进一步简化加工程序,可以允许其子程序再调用另一个子程序,这一功能称为子程序的嵌套。子程序的嵌套深度可以为三层,也就是四级程序界面(包括一级主程序界面),但在使用加工循环进行加工时,要注意加工循环程序同样属于子程序,因此要占用四级程序界面中的一级。

在子程序中可以改变模态有效的 G 功能,如 G90 到 G91 的变化。在返回调用程序时,需要检查所有模态有效的功能指令,并按照要求进行调整。

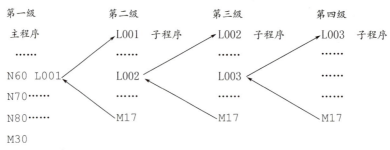

2) **FANUC 0i 系统的子程序**

(1) 子程序结构。

O1000;　　　　　　　子程序名

……

M99;　　　　　　　　子程序结束，返回主程序

(2) 子程序调用。

O0001;　　　　　　　主程序名

……

M98 P21000;　　　　 调用子程序 O1000，调用 2 次

……

M02/M30;

其中，O 后跟 4 位数字，表示主程序和子程序名；M99 为子程序结束指令；M98 为子程序调用指令；P 后跟 7 位数字，前 3 位表示调用次数（前置零可以省略），省略时表示只调用一次，后 4 位表示子程序号。

如果主程序在存储器方式下工作，当子程序结束时，M99 后面用 P 指定一个顺序号，则子程序结束后直接返回到 P 指定主程序的程序段号。

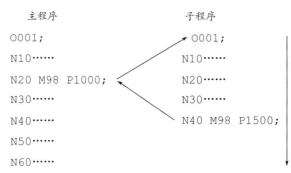

(3) 子程序嵌套。一个主程序可以调用多个子程序，被调用的子程序也可以调用其他子程序，这种方式称为子程序的嵌套。子程序的调用最多可以嵌套四级。

子程序调用指令 M98 可以与运动指令出现在同一个程序段中,例如,G00 X100 M98 P20002。

5. 循环指令

数控车床上单件被加工零件的毛坯常用棒料,所以车削加工时加工余量大,一般需要多次重复循环加工才能车去全部加工余量。为了简化编程,数控车床系统常具备一些循环功能。

1)SINUMERIK 802D 系统的循环指令

(1)毛坯切削循环指令 CYCLE95。

①指令功能:该指令用于毛坯自动切削循环,它会根据精加工路线和给定的切削参数自动确定粗加工的加工路线,既可以进行纵向和横向的加工,也可以进行内外轮廓的加工,还可以进行粗加工和精加工。

②指令格式:

CYCLE95(NPP, MID, FALZ, FALX, FAL, FF1, FF2, FF3, VARI, DT, DAM, _ VRT)

CYCLE95 毛坯车削循环参数见表 3-13。

表 3-13 CYCLE95 毛坯车削循环参数

序号	参数	功能、含义及规定
1	NPP	轮廓子程序名,程序名的前两个字符为字母,其后可以是下划线、数字或字母,一个程序名最多包含 16 个字符
2	MID	切削深度,无符号,是指粗加工的最大可能的切削深度;实际切削时的切削深度由循环自动计算得出,且每次切削深度相等
3	FALZ	Z 向的精加工余量,无符号输入
4	FALX	X 向的精加工余量,无符号输入;X 向的精加工余量,用半径值表示
5	FAL	沿轮廓方向的精加工余量
6	FF1	无下切的粗加工进给速度,下切是指凹入工件的轮廓
7	FF2	进入凹凸切削时的进给速度
8	FF3	精加工时的进给速度
9	VARI	加工类型,用数值 1~12 表示,具体情况见表 3-14
10	DT	粗加工时,用于断屑的停顿时间
11	DAM	因断屑而中断粗加工时所经过的路径长度
12	_ VRT	粗加工时,从轮廓退刀的距离,X 向为半径值,无符号输入

毛坯车削循环的加工方式用参数 VARI 表示,按形式分为三类,共 12 种:第一类为纵向加工与横向加工;第二类为内部加工与外部加工;第三类为粗加工、半精加工与综合加工。VARI 加工类型范围值为 1~12,加工类型参数说明见表 3-14。

表 3-14 加工类型参数说明

VARI	轴向/径向	外部/内部	粗车/精车/综合车削
1	轴向	外部	粗车
2	径向	外部	粗车

续表

VARI	轴向/径向	外部/内部	粗车/精车/综合车削
3	轴向	内部	粗车
4	径向	内部	粗车
5	轴向	外部	精车
6	径向	外部	精车
7	轴向	内部	精车
8	径向	内部	精车
9	轴向	外部	综合车削
10	径向	外部	综合车削
11	轴向	内部	综合车削
12	径向	内部	综合车削

③程序的执行过程。

粗加工执行过程：

a. 车刀以 G00 方式从初始点运动至循环加工起点。

b. 按照参数 MID 下设定的最大切削深度进给。

c. 沿坐标轴平行方向，以 G01 方式，并以粗切进给率切削至粗切削交点。

d. 以 G01/G02/G03 方式，按粗切进给率进行粗加工。

e. 在每个坐标轴方向按参数 _VRT 中所编程的退刀量退刀，并以 G00 方式返回。

f. 重复上述过程直至加工到最后尺寸。

精加工执行过程：

a. 以 G00 方式按不同的坐标轴分别回循环加工起点。

b. 以 G00 方式在两个坐标轴方向上同时回轮廓起点。

c. 以 G01/G02/G03 方式按精车进给率进行精加工。

d. 以 G00 方式在两个坐标轴方向回循环加工起始点。

④编程举例。

如图 3-36 所示，毛坯直径为 φ60 mm，长度为 100 mm，试利用循环指令 CYCLE95 编写加工程序。

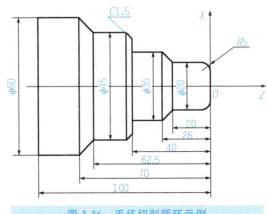

图 3-36 毛坯切削循环示例

CYCLE95 切削循环取值见表 3-15。

表 3-15　CYCLE95 切削循环取值表

代码	含义	取值
NPP	轮廓子程序名	test1
MID	最大可能的切削深度	2
FALZ	Z 向的精加工余量	0.2
FALX	X 向的精加工余量（半径值）	0.2
FAL	沿轮廓方向的精加工余量	0.2
FF1	无下切的粗加工进给速度	0.3
FF2	进入凹凸切削时的进给速度	0.3
FF3	精加工时的进给速度	0.15
VARI	加工类型	9
DT	粗加工时，用于断屑的停顿时间	0
DAM	因断屑而中断粗加工时所经过的路径长度	0
_VRT	粗加工时，从轮廓退刀的距离，X 向为半径值	2

加工程序：

```
SC01.MPF;                                  主程序名
N10 M03 S600 T1D1;                         启动主轴，并将 1 号刀转至工作位置
N20 G00 X65 Z0;                            快速定位至轮廓附近
N30 G01 X-1 F0.2;                          车端面
N40 G00 X65 Z2;                            快速退刀至轮廓表面
N50 CYCLE95("test1", 2, 0.2, 0.2, 0.2, 0.3, 0.3, 0.15, 9, 0, 0, 2);
                                           外轮廓粗精车
N60 G00 X100 Z50;                          退刀至换刀点
N70 M05 M02;                               主轴停转，程序结束
test1.SPF;                                 外轮廓子程序
N10 G01 X10 Z0 F0.2;                       定位至轮廓起点
N20 G03 X20 Z-5 CR=5;                      车 R5mm 的圆弧
N30 G01 Z-20;                              车 φ20mm 外圆
N40 X35 Z-26;                              车锥面
N50 Z-40;                                  车 φ35mm 外圆
N60 X42;                                   车端面
N70 X45 Z-41.5;                            倒角 C1.5
N80 Z-62.5;                                车 φ45mm 外圆
N90 X60 Z-70;                              车锥面
N100 M17;                                  子程序结束
```

（2）螺纹切削循环指令 CYCLE97。

①指令功能：螺纹切削循环指令，只要设定好参数，可以在纵向和表面加工具有恒螺距的圆形或锥形的内外螺纹，螺纹可以是单个螺纹或多个螺纹。该指令可以自动加工出螺纹，与 G33 指令相比，程序简洁得多。

②指令格式：

CYCLE97 (PIT, MPIT, SPL, FPL, DM1, DM2, APP, ROP, TDEP, FAL, IAHG, NSP, NRC, NID, VARI, NUMT)

CYCLE97 螺纹切削循环参数见表 3-16。

表 3-16　CYCLE97 螺纹切削循环参数

序号	参数	功能、含义及规定
1	PIT	螺距作为数值(无符号)。单头螺纹是指螺距，多头螺纹是指导程，即螺距×头数
2	MPIT	螺距产生于螺纹尺寸范围值：3(用于 M3)～60(用于 M60)
3	SPL	螺纹起始点位于纵轴上的位置。螺纹起点在工件坐标系中的 Z 坐标值
4	FPL	螺纹终点位于纵轴上的位置。螺纹终点在工件坐标系中的 Z 坐标值
5	DM1	起始点的螺纹直径。螺纹起点在工件坐标系中的 X 坐标值
6	DM2	终点的螺纹直径。螺纹终点在工件坐标系中的 X 坐标值
7	APP	导入路径，即升速进刀段，无正负符号
8	ROP	导出路径，即降速退刀段，无正负符号
9	TDEP	螺纹深度，即螺纹的牙型高度，通常取 0.65 P (P 指螺距)，无正负符号
10	FAL	精加工余量，无正负符号
11	IANG	切入进给角 范围值： "+"表示每一次走刀总是沿着牙型的同一侧面进给； "－"表示沿着牙型的两个侧面交互进刀 指螺纹车削时车刀在径向上是直进还是斜进，直进即 0，斜进一般取螺纹牙型半角
12	NSP	首圈螺纹的起始点偏移，无正负符号
13	NRC	粗加工切削次数，无正负符号
14	NID	停顿数量或称之空刀次数，无正负符号
15	VARI	定义螺纹的加工类型 范围值：1～4 1、3 指外螺纹，2、4 指内螺纹。1、2 指每次切深相同，3、4 指每次切深逐渐变小，适用于大螺距
16	NUMT	螺纹头数，无正负符号

③程序的执行过程。

a. 车刀以 G00 方式运动至第一条螺纹线升速进刀段起始处。

b. 按照参数 VARI 所确定的加工方式进行粗加工进刀。

c. 根据编程的粗切削次数重复进行螺纹切削。

d. 以 G33 方式进行螺纹精加工。

e. 其他螺纹线的加工与上面所述类似。

④编程举例。

例：如图 3-37 所示螺纹，毛坯直径为 $\phi26$ mm，假设螺纹的基体圆柱已经加工，退刀槽也已切好，试用循环指令 CYCLE97 编写加工程序。

CYCLE97 螺纹切削循环取值见表 3-17。

表 3-17 CYCLE97 螺纹切削循环取值表

代码	含义	取值
PIT	螺距	1.5
MPIT	螺距产生于螺纹尺寸	1
SPL	螺纹起点在工件坐标系中的 Z 坐标值	0
FPL	螺纹终点在工件坐标系中的 Z 坐标值	−20
DM1	螺纹起点在工件坐标系中的 X 坐标值	24
DM2	螺纹终点在工件坐标系中的 X 坐标值	24
APP	导入路径，即升速进刀段	3
ROP	导出路径，即降速退刀段	3
TDEP	螺纹深度，即螺纹的牙型高度，通常取 0.65 P	0.975
FAL	精加工余量	0.02
IANG	切入进给角	0
NSP	首圈螺纹的起始点偏移	0
NRC	粗加工切削次数	5
NID	停顿数量或称之空刀次数	0
VARI	定义螺纹的加工类型	1
NUMT	螺纹头数	1

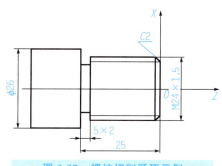

图 3-37 螺纹切削循环示例

加工程序：

SC02；   主程序名
N10 M03 S600；   启动主轴
N20 T3D3；   将 3 号刀转至工作位置
N30 G00 X26 Z2；   螺纹刀快速定位至切削循环起点
N40 CYCLE97(1.5, 1, 0, −20, 24, 24, 3, 3, 0.975, 0.02, 0, 0, 5, 0, 1, 1)
                                车削螺纹
N50 G00 X100 Z100；   快速返回换刀点
N60 M05 M02；   主轴停止，程序结束

2) FANUC 0i 系统的循环指令

(1) 单一固定循环指令 G90。

单一固定循环可以将一系列连续加工动作，如"切入—切削—退刀—返回"，用一个循

环指令完成，从而简化了程序。

①圆柱面切削循环 指令 G90。

a. 指令格式：

G90 X(U)__ Z(W)__ F__；

其中，X、Z 为圆柱面切削的终点坐标值；U、W 为圆柱面切削的终点相对于循环起点的坐标分量；F 为进给速度。

> **提示：**
>
> 用 G90 功能切削如图 3-38 所示 φ30mm 外圆的执行过程如下：刀具从程序起点 A 开始以 G00 方式径向移动至指令中的 X 坐标处 B 点，再以 G01 的方式沿轴向切削进给至终点坐标处 C 点，然后以 G01 方式退至循环开始的 X 坐标处 D 点，最后以 G00 方式返回循环起始点 A 处，准备下一个动作。

b. 编程举例。

例：用 G90 功能切削如图 3-38 所示 φ30mm 外圆的程序如下：

G90 X30 Z-40 F100；

②圆锥面切削循环 指令 G90。

a. 指令格式：

G90 X(U)__ Z(W)__ R__ F__；

其中，X、Z 为圆锥面切削的终点坐标值；U、W 为圆锥面切削的终点相对于循环起点的坐标分量；R 为圆锥面切削的起点相对于终点的半径差。对外径车削，锥度左大右小时，R 为负，反之为正；对内孔车削，锥度左小右大时，R 为正，反之为负。

> **提示：**
>
> 用 G90 功能切削如图 3-39 所示锥面的刀具运行轨迹与切削圆柱体类似，只是刀具走 BC 线段时，走的是与圆锥体母线相平行的一条斜线。

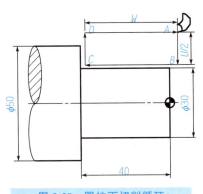
图 3-38 圆柱面切削循环

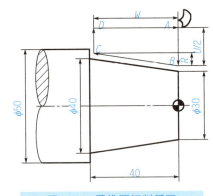
图 3-39 圆锥面切削循环

b. 编程举例。

例：用 G90 功能切削如图 3-39 所示圆锥面的程序如下。

G90 X40 Z-40 R-5 F100；

（2）复合固定循环指令。

①精车固定循环指令 G70。

指令格式：

G70 P(ns) Q(nf);

其中，ns 指定精加工路线的第一个程序段的段号；nf 指定精加工路线的最后一个程序段的段号。

> **提示：**
> G70 指令用在 G71、G72、G73 指令粗车工件后来进行精车循环。在 G70 状态下，指定的精车描述程序段中的 F、S、T 有效。若不指定，则维持粗车前指定的 F、S、T 状态。G70 到 G73 中，ns 到 nf 间的程序段不能调用子程序。当 G70 循环结束时，刀具返回到起点并读下一个程序段。

②外(内)径粗车循环指令 G71。

指令格式：

G71 U(Δd) R(e);

G71 P(ns) Q(nf) U(Δu) W(Δw) F__ S__ T__;

其中，Δd 为每次 X 向循环的切削深度(半径值，无正负号)；e 为每次 X 向切削退刀量(半径值，无正负号)；ns 为指定精加工路线的第一个程序段的段号；nf 为指定精加工路线的最后一个程序段的段号；Δu 为 X 向精加工余量(直径量，外圆加工为正，内孔加工为负)；Δw 为 Z 向精加工余量；F、S、T 分别为粗车时的进给速度、主轴转速、刀具号。指令中的 F 值和 S 值一经指定，则程序段号 ns 和 nf 之间所有的 F 值和 S 值均无效。

> **提示：**
> 使用 G71 粗车循环时，零件沿 X 轴的外形必须是单调递增或单调递减。其加工路线如图 3-40 所示，刀具从循环起点(C 点)开始，快速退刀至 D 点，退刀量由 Δw 和 Δu/2 值确定；再快速沿 X 向进刀 Δd(半径值)至 E 点；然后按 G01 进给至 G 点后，沿 45°方向快速退刀至 H 点(X 向退刀量由 e 值确定)；Z 向快速退刀至循环起点的 Z 值处(I 点)；再次 X 向进刀至 J 点(进刀量为 e+Δd)进行第二次切削；该循环至粗车完成后，再进行平行于精加工表面的半精车(这时，刀具沿精加工表面分别留出 Δw 和 Δu 的余量)；半精车完成后，快速退回循环起点，结束粗车循环所有动作。

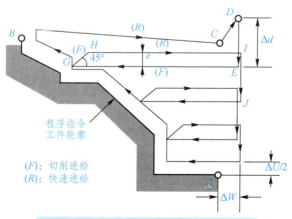

图 3-40 G71 外圆粗车循环加工路线

③编程举例。

例：如图3-41所示，编写外径粗车循环加工程序。

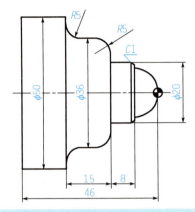

图3-41 外圆粗车循环应用示例

加工程序：

O0005;	程序名
N10 G98 G00 X100 Z100;	设置加工起点
N20 T0101;	调用1号刀具及刀补
N30 M03 S600;	粗车转速
N40 G00 X52 Z3;	刀具到达循环起点位置
N50 G71 U2 R1;	设置粗车循环参数，粗切量2 mm
N60 G71 P70 Q170 U0.4 W0 F100;	粗车循环，X向留0.4 mm余量精切
N70 G00 X0 S1000;	精加工轮廓起始段，此段不允许有Z方向的定位，S1000为精车转速
N80 G01 Z0 F50;	F50为精车进给速度
N90 G03 X16 Z-8 R8;	
N100 G01 X18;	
N110 X20 Z-9;	
N120 Z-16;	
N130 X26;	
N140 G03 X36 Z-21 R5;	
N150 G01 Z-26;	
N160 G02 X46 Z-31 R5;	
N170 G01 X52;	精加工轮廓结束段
N180 G70 P70 Q170;	调用精车循环
N190 G00 X100 Z100;	回加工起点
N200 M05;	主轴停转
N210 M30;	程序结束并返回加工开头

(3) 端面粗车循环G72。

指令格式：

G72 W(Δd) R(e);
G72 P(ns) Q(nf) U(Δu) W(Δw) F__ S__ T__;

其中，Δd 为每次 Z 向循环的切削深度（无正负号）；e 为每次 Z 向切削退刀量；ns 指定精加工路线的第一个程序段的段号；nf 指定精加工路线的最后一个程序段的段号；Δu 为 X 向精加工余量（直径量，外圆加工为正，内孔加工为负）；Δw 为 Z 向精加工余量；F、S、T 分别为粗车时的进给速度、主轴转速、刀具号。

> **提示：**
> G72 循环指令加工路线与 G71 类似，不同之处在于该循环是沿 Z 向进行分层切削的，如图 3-42 所示。

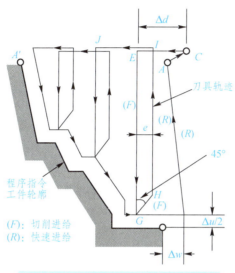

图 3-42　端面粗车循车加工路线

(4) 固定形状粗车循环指令 G73。
① 指令格式：
G73　U(Δi)　W(Δk)　R(Δd)；
G73　P(ns)　Q(nf)　U(Δu)　W(Δw)　F＿＿　S＿＿　T＿＿；

其中，Δi 为 X 方向总退刀量（半径值、正值）；Δk 为 Z 方向总退刀量；Δd 为粗车循环的次数；ns 指定精加工路线的第一个程序段的段号；nf 指定精加工路线的最后一个程序段的段号；Δu 为 X 向精加工余量（直径量）；Δw 为 Z 向精加工余量；F、S、T 分别为粗车时的进给速度、主轴转速、刀具号。

> **提示：**
> 固定形状粗车循环也称为封闭切削循环，它是按照一定的切削形状逐渐接近最终形状的车削方法，可以高效地切削铸造成形、锻造成形或已粗车成形的工件。封闭切削循环加工路线如图 3-43 所示。

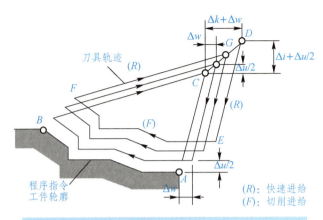

图 3-43 封闭粗切循环加工路线

② 编程举例。

例：如图 3-44 所示，编写固定形状粗车循环加工程序。

加工程序：

O0006;		程序名
N10 G98 G00 X100 Z100;		设置加工起点
N20 T0101;		调用 1 号刀具及刀补
N30 M03 S600;		粗车转速
N40 G00 X52 Z3;		刀具到达循环起点位置
N50 G73 U5 W3 R3;		设置粗车循环参数
N60 G73 P70 Q120 U0.5 W0 F100;		粗车循环，X 向留 0.5 mm 余量精切
N70 G00 X40 S1000;		精加工轮廓起始段，S1000 为精车转速
N80 G01 Z0 F50;		F50 为精车进给速度
N90 Z-10;		
N100 G02 X40 Z-40 R25;		
N110 G01 Z-50;		
N120 X50;		精加工轮廓结束段
N130 G70 P70 Q120;		调用精车循环
N140 G00 X100 Z100;		回加工起点
N150 M05;		主轴停转
N160 M30;		程序结束并返回加工开头

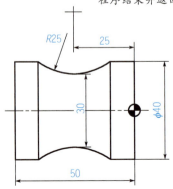

图 3-44 固定形状粗车循环应用示例

（5）螺纹固定循环指令 G92。

①指令格式：

G92 X(U)__ Z(W)__ R__ F__；

式中，X、Z 为螺纹切削终点的坐标值；U、W 为螺纹切削终点相对于起点的坐标增量；R 为螺纹切削起点与切削终点的半径差，加工圆柱螺纹时，R 为 0，加工圆锥螺纹时，当 X 向切削起始点坐标小于切削终点坐标时，R 为负，反之为正；F 为螺纹的导程，单位为 mm。

> **提示：**
> 用 G32 指令编写螺纹加工程序，每切一刀，至少要四个程序段，程序长而烦琐。G92 指令适用于对直螺纹和锥螺纹进行循环切削，每指定一次，螺纹切削自动进行一个循环，其循环加工轨迹和 G90 类似，只是在第二步刀具到达某一位置时，可启动螺纹倒角，到达 Z(W) 坐标。螺纹倒角距离可通过系统参数设定，一般为 $0.1L \sim 12.7L$。

②编程举例。

例：如图 3-35 所示，试用 G92 指令编写圆柱螺纹切削程序。

加工程序：

```
……
T0101;                    换螺纹刀，导入刀具及刀补
G00  X32  Z4;             快速到达循环起点，考虑升速进刀段
G92  X29.1  Z-27  F2;     螺纹切削深度 0.9 mm，考虑降速退刀段，循环 1
X28.5;                    螺纹切削循环 2
X27.9;                    螺纹切削循环 3
X27.5;                    螺纹切削循环 4
X27.4;                    螺纹切削循环 5
X27.4;                    无进给光整
G00  X100  Z100;          退刀
……
```

从上例中可看出，螺纹切削循环指令 G92 把 G32 指令的"切入—螺纹切削—退刀—返回"四个动作作为一个循环，大大地简化了程序。

四 刀具补偿指令

刀具补偿功能是一种用来补偿刀具实际安装位置(或实际刀尖圆弧半径)与理论编程位置(刀尖圆弧半径)之差的功能。刀具补偿功能是数控车床的一种主要功能，分为两大类：刀具位置补偿(即刀具偏移补偿)和刀尖半径补偿。

♂ 1. 刀具位置补偿

1) 刀具位置补偿的目的

编程时，设定刀架上各刀在工作位置时其刀尖位置是一致的。但由于刀具的几何形状及安装的不同，其刀尖位置是不一致的，其相对于工件原点的距离也是不同的，因此要对

各刀具的位置值进行比较或设定，这种补偿称为刀具位置补偿。图 3-45(a)所示为刀具安装位置，图 3-45(b)所示为两把刀在同一基准下的位置偏移量。

图 3-45(b)所示这个偏移量可通过刀具补偿值设定，使刀具在 X 方向和 Z 方向获得相应的补偿量。通过对刀或刀具预调，使每把刀的刀位点尽量重合于某一理想基准点，同时测定其各号刀的刀位偏移值，存入相应的刀具偏置寄存器中以备加工时随时调用。

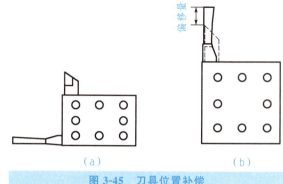

图 3-45　刀具位置补偿
(a)刀具安装位置；(b)位置偏移量

2) 刀具位置补偿的应用

刀具位置可以由刀具号来指定，在程序中用指定的 T 代码来实现。

(1) 在 SINUMERIK 802D 系统中，编程 T 代码可以选择刀具，实现刀具的自动更换。刀具号：1～32(系统中最多同时存储 32 把刀具)。

刀具补偿号 D 功能：一个刀具可以匹配从 D1～D9 不同补偿的数据组(用于多个切削刃)，用 D 及其相应的序号可以编程一个专门的切削刃。如果没有编程 D 指令，则 D1 自动生效；如果编程为 D0，则刀具补偿值无效。系统中最多可以同时存储 64 个刀具补偿号。

T 代码的说明：T ×× D ××
　　　　　　　　 刀具号　　刀具补偿号

T 后面的两位数字表示刀具号，T 后若为 00 则表示不换刀；D 后面的两位数字表示刀具补偿号，D 后若为 00 则表示取消刀补。

(2) 在 FANUC 0i 系统中，T 代码指定有两种方式：两位数指令和四位数指令。一般情况下，常用四位数指令指定刀具偏置，这里只介绍四位数指令。

T 代码的说明：T ×× ＋ ××
　　　　　　　　 刀具号　　刀具补偿号

在四位数指令中，T 地址后跟四位数字，前两位数字为刀具号，后两位数字为刀具补偿号。刀具补偿号实际上是刀具补偿寄存器的地址号，该寄存器存放刀具的几何偏置量和磨损偏置量(X 轴偏置和 Z 轴偏置)。刀具补偿号可以是 00～32 中的任意一个数，刀具补偿号为 00 时，表示不进行刀具补偿或取消刀具补偿。例如，G00 X20 Z10 T0101；表示调用 1 号刀具，且有刀具补偿，补偿量在 01 号存储器内。

当刀具磨损后或工件尺寸有误差时，只要修改每把刀具相应存储器中的数值即可。例如，某工件加工后的外圆直径比要求尺寸大(减小)了 0.02 mm，则可以用 U－0.02(或 U0.02)修改相应存储器中的数值；当长度方向尺寸有误差时，修改方法类同。

由此可见，刀具偏移量可以根据实际需要分别或同时对刀具轴向和径向的偏移量进行修正。修正的方法是在程序中事先给定各刀具及其刀具补偿号，每个刀具补偿号中的 X 向刀具补偿值和 Z 向补偿值由操作者按实际需要输入数控装置。每当程序调用这一刀具补偿号时，该刀具补偿值就生效，使刀尖从偏离位置恢复到编程轨迹上，从而实现刀具偏移量的修正。

> **需要注意的是：**
> ①刀具补偿程序段内有 G00 或 G01 功能才生效。而且偏移量补偿在一个程序的执行过程中完成，这个过程是不能省略的。
> ②在调用刀具时，必须在取消刀具补偿状态下进行。

2. 刀尖半径补偿

1) 刀尖半径补偿的目的

车刀的刀尖由于磨损等原因总有一个小圆弧（车刀不可能是绝对尖的）。但是，编程计算点是根据理想刀尖（假想刀尖）O' 来计算的，如图 3-46 所示。

因此，实际车削时，起作用的切削刃是车刀圆弧的各切点，这样加工表面就会产生形状误差，如图 3-47 所示。

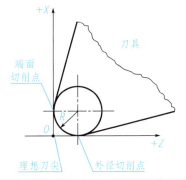

图 3-46 刀尖圆弧和刀尖

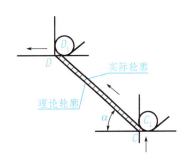

图 3-47 车圆锥时产生的误差

为保持工件轮廓形状，加工时不允许刀具中心轨迹与被加工工件轮廓重合，而应与工件轮廓偏移一个半径值 R，这种偏移称为刀尖半径补偿。采用机床的刀尖半径补偿功能，编程者只需按工件轮廓线编程。数控系统执行刀尖半径补偿后，刀具自动偏离工件轮廓一个刀具半径值，从而消除了刀尖半径对工件形状的影响，如图 3-48 所示。

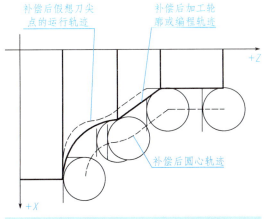

图 3-48 刀尖半径补偿时的刀具轨迹

2)刀尖半径补偿的指令

SINUMERIK 802D 系统和 FANUC 0i 系统中均使用 G41/G42、G40 刀尖半径补偿指令,功能和用法类似。

G41:刀尖半径左补偿。

G42:刀尖半径右补偿。

G40:取消刀尖半径补偿。

(1)左、右补偿判别方法。

前置刀架左、右补偿判别方法如图 3-49 所示。后置刀架左、右补偿判别方法如图 3-50 所示。不论是前置刀架还是后置刀架,沿车刀进给方向观察车外轮廓都是用刀尖半径右补偿 G42,车内轮廓都是用刀尖半径左补偿 G41。

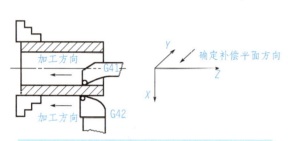

图 3-49 前置刀架左、右补偿判别方法

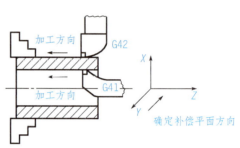

图 3-50 后置刀架左、右补偿判别方法

(2)指令格式:

G00/G01　G41　X__　Z__;建立刀尖半径左补偿

G00/G01　G42　X__　Z__;建立刀尖半径右补偿

G00/G01　G40　X__　Z__;取消刀尖半径补偿

(3)机床中刀尖位置号如图 3-51 和图 3-52 所示。

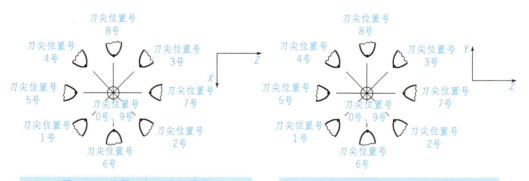

图 3-51 前置刀架刀尖位置号　　　　图 3-52 后置刀架刀尖位置号

提示：

①G41、G42、G40 指令不能与圆弧切削指令写在同一个程序段内，但可与 G1、G0 指令写在同一程序段内，即其是通过直线运动来建立或取消刀具补偿的。

②在调用新刀具前或要更改刀具补偿方向时，中间必须取消前一个刀具补偿，避免产生加工误差。

③在 G41 或 G42 程序段后面加 G40 程序段，便可以取消刀尖半径补偿，其格式如下。

G41(或 G42)…；

G40…；

程序的最后必须以取消偏置状态结束，否则刀具不能在终点定位，而是停在与终点位置偏移一个矢量的位置上。

④G41、G42 和 G40 是模态代码。

⑤在 G41 方式中，不要再指定 G42 方式，否则补偿会出错；同样，在 G42 方式中，不要再指定 G41 方式。当补偿取负值时，G41 和 G42 可以互相转化。

⑥在使用 G41 和 G42 之后的程序段中，不能出现连续两个或两个以上的不移动指令，否则 G41 和 G42 会失效。

(4) 编程举例。

例： 如图 3-53 所示，试编写零件锥度精加工程序调用刀尖半径补偿的程序。

……
G00 X52.0
　　Z-13.0
G00　G42 X36.0;　　　　　　　调用工件轮廓右补偿，车刀进给至锥度精加工起点
G01　Z-15.0 F0.1;　　　　　　车刀进给至锥度加工起点
　　X45.0 Z-45.0;　　　　　　外圆锥精车
G00 G40 X52.0;　　　　　　　取消刀尖圆弧半径补偿，车刀退回 X 轴起刀点
G00 Z2.0;　　　　　　　　　　车刀退回 Z 轴起刀点
……

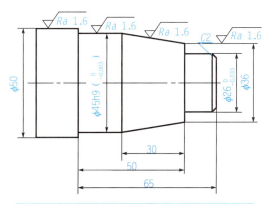

图 3-53　刀尖圆弧半径补偿应用示例

单元4　典型零件加工工艺方案的制定及其程序的编制

一、常用基本编程指令练习

轴是机械传动中的重要零件之一,用来支撑旋转零件(如带轮、齿轮)、传递运动和转矩。轴类零件通常由圆柱面、台阶、端面、锥面、螺纹和沟槽等组成。一般的轴类零件材料选用45钢和40Gr钢,对于高速重载条件下工作的轴,一般选用低碳合金钢(如20Gr、20GrMnTi等)。轴类零件的精度要求较高,所以在加工时不仅要保证尺寸精度和表面粗糙度,而且要保证其形状和位置精度要求。

1. 台阶轴加工实例

1)台阶轴的工艺分析及加工工艺方案的制定

(1)工艺分析。

由图3-54(a)可知,零件特征主要为外圆、台阶、端面。加工过程中应保证ϕ36h9、ϕ45h9的尺寸精度及表面粗糙度。

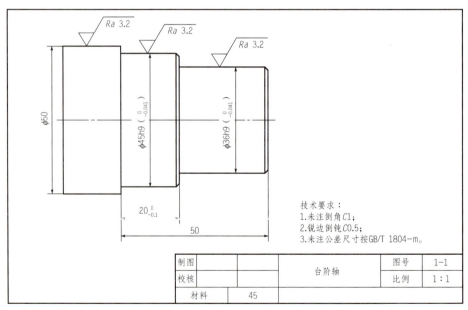

图3-54　台阶轴零件图及三维图
(a)零件图;(b)三维图

（2）加工工艺路线。

台阶轴加工工艺路线见表3-18。

表3-18　台阶轴加工工艺路线

序号	工步	工序内容	加工简图
1	工步1	车端面，建立工件坐标系	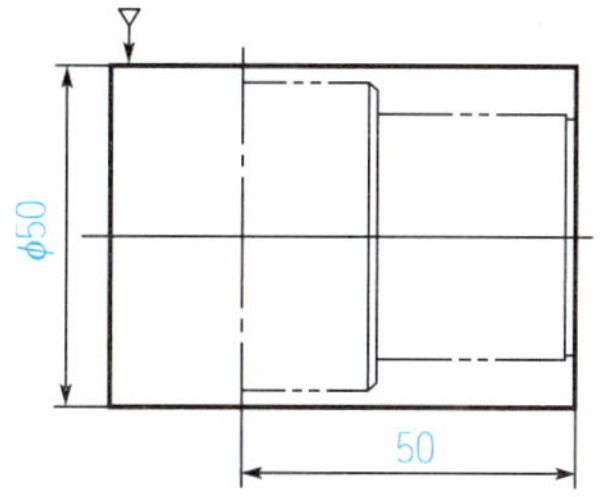
2	工步2	粗车 $\phi45h9\times50$ mm、$\phi36h9\times30$ mm 处至 $\phi45.5$ mm×50 mm、$\phi36.5$ mm×30 mm	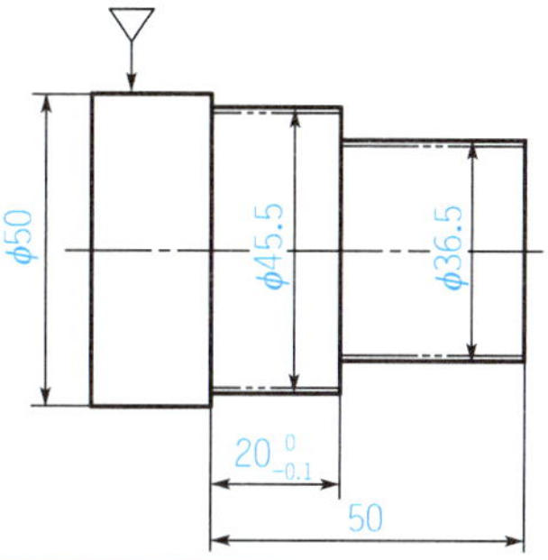
3	工步3	精车 $\phi45h9\times50$ mm、$\phi36h9\times30$ mm，并倒角去锐至图样要求	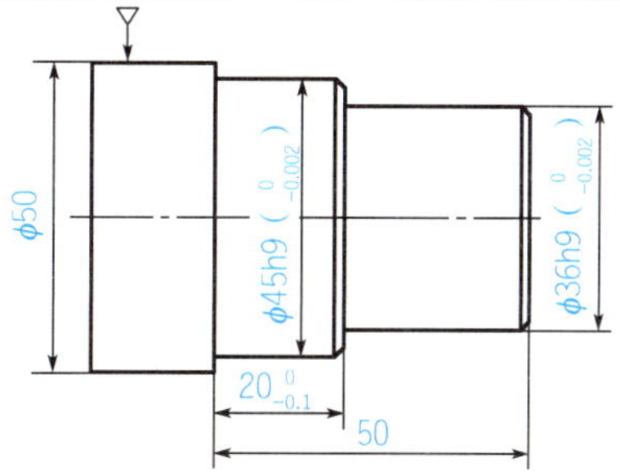
4	工步4	检测	

（3）选择刀具、量具和辅助用具

刀具、量具和辅助用具准备清单见表3-19。

表3-19　刀具、量具和辅助用具准备清单

序号	名称	规格	精度	数量
1	游标卡尺	0～150 mm	0.02 mm	1把
2	千分尺	25～50 mm、50～75 mm	0.01 mm	各1把
3	百分表及表座	0～10 mm		1套
4	刷子、油壶等			若干
5	90°偏刀	25×25		1把
6	其他	1.函数型计算器		
7		2.其他常用辅具		

续表

序号	名称	规格	精度	数量
8	材料	45#、$\phi 50\times 70$ mm		
9	数控系统	SINUMERIK 802D、FANUC 0i 或华中 HNC 数控系统		
	编制（日期）		审核（日期）	批准（日期）

(4) 确定切削用量。

根据零件被加工表面的质量要求、刀具材料和工件材料，参考相关资料选取切削速度和进给量。数控加工工艺卡见表 3-20。

表 3-20 数控加工工艺卡

班级		姓名		产品名称或代号		零件名称		零件图号	
						台阶轴			
工序号		程序编号		夹具名称		使用设备		车间	
		SC20151(O0001)		自定心卡盘		CK6136 数控车床		数控中心	
工步号		工步内容		刀具号	刀具规格/mm	主轴转速/(r/min)	进给速度/(mm/r)	切削深度/mm	备注
1		车端面		T1	25×25	800	0.15	0.5	自动
2		粗车外圆及台阶，$\phi 45h9\times 50$ mm、$\phi 36h9\times 30$ mm		T1	25×25	800	0.25	2	自动
3		精车外圆及台阶，$\phi 45h9\times 50$ mm、$\phi 36h9\times 30$ mm		T1	25×25	1 200	0.1	0.25	自动
4		检测							
编制		审核		批准		年 月 日		共 页	第 页

2) 编制数控加工参考程序

SINUMERIK 802D 系统和 FANUC 0i 系统台阶轴加工参考程序见表 3-21 和表 3-22。

表 3-21 SINUMERIK 802D 系统台阶轴加工参考程序

程序段号	程序内容		动作说明
	SC20151.MPF		程序名
N010	G90 G95 G00 X80 Z100		绝对坐标编程，进给速度单位为 mm/r，车刀定位到换刀点
N020	M03 S800		启动主轴，转速为 800 r/min
N030	T1D1 M08		换 1 号刀，切削液开
N040	G00 X52 Z2		刀具移动到起刀点
N050	G01 Z0 F0.15		车刀进给至端面，车端面开始
N060	X0		车端面
N070	G00 Z2		退刀
N080	X52		刀具移动到起刀点
N090	X45.5		车刀进给一个切削深度(2.25 mm)
N100	G01 Z-50 F0.25		粗车外圆
N110	X52		车端面

续表

程序内容		动作说明
N120	G00 Z2	车刀回到起刀点
N130	X41.5	车刀进给一个切削深度(2 mm)
N140	G01 Z-30	粗车外圆
N150	X47	车端面
N160	G00 Z2	车刀回到起刀点
N170	X37.5	车刀进给一个切削深度(2 mm)
N180	G01 Z-30	粗车外圆
N190	X47	车端面
N200	G00 Z2	车刀回到起刀点
N210	X36.5	车刀进给一个切削深度(0.5 mm)
N220	G01 Z-30	粗车外圆
N230	X47	车端面
N240	G00 Z2	车刀回到起刀点
N250	X80 Z100	车刀回到换刀点
N260	M05	主轴停止
N270	M00	暂停，检查工件，调整磨耗参数
N280	M03 S1200	主轴正转，转速为1 200 r/min，精加工开始
N290	T1D1	
N300	G00 X52 Z2	车刀定位到起刀点
N310	G00 X34	车刀进给至X方向精加工起点
N320	G01 Z0 F0.1	车刀进给至Z方向精加工起点
N330	X36 Z-1	倒角
N340	Z-30	精车外圆
N350	X43	车端面
N360	X45 Z-31	倒角
N370	Z-50	精车外圆
N380	X49	车端面
N390	X50 Z-50.5	去锐
N400	X52	退刀
N410	G00 Z2	车刀退回起刀点
N420	X80 M09	切削液关
N430	Z100	车刀退回换刀点
N440	M05	主轴停止
N450	M30	程序结束并返回程序开始

表3-22 FANUC 0i 系统台阶轴加工参考程序

程序内容		动作说明
程序段号	O0001;	程序名
N010	G90 G99 G00 X80 Z100;	绝对坐标编程，进给速度单位为mm/r，车刀定位到换刀点
N020	M03 S800;	启动主轴，转速为800 r/min
N030	T0101 M08;	换1号刀，切削液开

续表

程序内容		动作说明
N040	G00　X52　Z2;	刀具移动到起刀点
N050	G01　Z0　F0.15;	车刀进给至端面，车端面开始
N060	X0;	车端面
N070	G00　Z2;	退刀
N080	X52;	刀具移动到起刀点
N090	X45.5;	车刀进给一个切削深度(2.25 mm)
N100	G01　Z-50　F0.25;	粗车外圆
N110	X52;	车端面
N120	G00　Z2;	车刀回到起刀点
N130	X41.5;	车刀进给一个切削深度(2 mm)
N140	G01　Z-30;	粗车外圆
N150	X47;	车端面
N160	G00　Z2;	车刀回到起刀点
N170	X37.5;	车刀进给一个切削深度(2 mm)
N180	G01　Z-30;	粗车外圆
N190	X47;	车端面
N200	G00　Z2;	车刀回到起刀点
N210	X36.5;	车刀进给一个切削深度(0.5 mm)
N220	G01　Z-30;	粗车外圆
N230	X47;	车端面
N240	G00　Z2;	车刀回到起刀点
N250	X80　Z100;	车刀回到换刀点
N260	M05;	主轴停止
N270	M00;	暂停，检查工件，调整磨耗参数
N280	M03　S1200;	主轴正转，转速为 1 200 r/min，精加工开始
N290	T0101;	
N300	G00　X52　Z2;	车刀定位到起刀点
N310	G00　X34;	车刀进给至X方向精加工起点
N320	G01　Z0　F0.1;	车刀进给至Z方向精加工起点
N330	X36　Z-1;	倒角
N340	Z-30;	精车外圆
N350	X43;	车端面
N360	X45　Z-31;	倒角
N370	Z-50;	精车外圆
N380	X49;	车端面
N390	X50　Z-50.5;	去锐
N400	X52;	退刀

续表

程序内容		动作说明
N410	G00 Z2;	车刀退回起刀点
N420	X80 M09;	切削液关
N430	Z100;	车刀退回换刀点
N440	M05;	主轴停止
N450	M30;	程序结束并返回程序开始

3) 知识拓展

在数控加工中无论是手工编程还是自动编程，都要按已经确定的加工路线和允许的误差进行刀位点的计算。所谓刀位点，就是刀具运动过程中的相关坐标点，包括基点与节点。所以，通常的数学处理的内容主要包括基点坐标的计算、节点坐标的计算及辅助计算等内容。

（1）基点坐标的计算。所谓基点，就是指构成零件轮廓的各相邻几何要素间的交点或切点，如两直线间的交点、直线与圆弧的交点或切点等。一般来说，基点坐标值可根据图样原始尺寸，利用三角函数、几何、解析几何等即可求出，数据计算精度应与图样加工精度相适应，一般最高精确到机床最小设定单位。

如图 3-55 所示，零件两圆弧相切于 B 点，在 $\triangle ABC$ 中，$AC=30.442 \text{mm}/2=15.221 \text{mm}$，$BC=18 \text{mm}$，所以 $AB=\sqrt{BC^2-AC^2}=\sqrt{18^2-15.221^2} \approx 9.609 \text{mm}$，因此 B 点 Z 坐标 $Z_B=-(18+9.609)\text{mm}=-27.609\text{mm}$。圆弧 $R18\text{mm}$ 的起点坐标、终点坐标分别为 $O(0,0)$、$B(30.442,-27.609)$。

基点坐标的计算是手工编程中一项重要而烦琐的工作，基点坐标一旦计算出错，则据此编制的程序也就不能正确反映加工所希望的刀具路径与精度，从而导致零件报废。人工计算效率低，数据可靠性低，只能处理一些简单的图形数据。对于一些复杂图形的数控计算，建议采用 CAD 辅助图解法。

（2）节点坐标计算。所谓节点，就是在满足公差要求的前提下，用若干插补线段（直线或圆弧）拟合逼近实际轮廓曲线时相邻两插补线段的

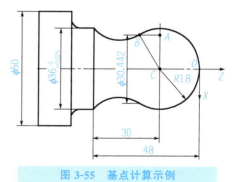

图 3-55 基点计算示例

交点。公差是指用插补线段逼近实际轮廓曲线时允许存在的误差。节点坐标的计算相对比较复杂，方法也很多，是手工编程的难点。因此，通常对于复杂的曲线、曲面加工，尽可能采用自动编程，以减少误差，提高程序的可靠性，减轻编程人员的工作负担。

2. 外圆锥轴加工实例

1）外圆锥轴的工艺分析及加工工艺方案的制定

（1）工艺分析。

由图 3-56(a)可知，零件特征主要为外圆、外圆锥、台阶、端面。加工过程中要保证 $\phi 45 h 9$ 等的尺寸精度及表面粗糙度。

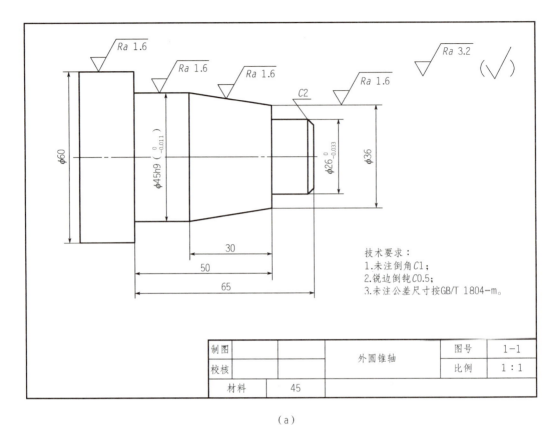

(a)

(b)

图 3-56　外圆锥零件图及三维效果图
(a)零件图；(b)三维效果图

①车正锥的工艺路线。车正锥的加工路线如图 3-57 所示。如图 3-57(a)所示的加工路线为相似三角形，其主要优点为刀具的进给运动距离短，但需要计算每次走刀起点与终点的坐标值，计算较为烦琐。如图 3-57(b)所示，每次车削的起刀点相同，只需要根据锥度的长度合理分配其终端坐标 Z 方向的长度即可，编程方便，但车削的切削深度不同。如图 3-57(c)所示的圆锥加工路线是终点坐标相同，每次车削根据加工余量确定切削深度即可。

②车倒锥的工艺路线。车倒锥的原理与方法和车正锥的相同，如图 3-58 所示。

(2)加工工艺路线。

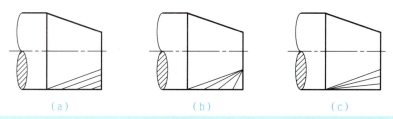

图 3-57 车正锥的加工路线

(a)平行循环的进给路线；(b)起点相同的循环进给路线；(c)终点相同的循环进给路线

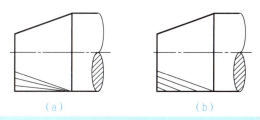

图 3-58 车倒锥的加工路线

(a)起点相同的循环进给路线；(b)平行循环的进给路线

外圆锥轴加工工艺路线见表 3-23。

表 3-23 外圆锥轴加工工艺路线

序号	工步	工序内容	加工简图
1	工步1	车端面，建立工件坐标系	
2	工步2	粗、精车 $\phi45h7 \times 50$ mm、$\phi26h7 \times 15$ mm 及倒角去锐至图样尺寸	
3	工步3	粗、精车外圆锥至图样尺寸要求	
4	工步4	检测	

(3) 选择刀具、量具和辅助用具

刀具、量具和辅助用具准备清单见表 3-24。

表 3-24 刀具、量具和辅助用具准备清单

序号	名称	规格	精度	数量
1	游标卡尺	0～150 mm	0.02 mm	1把
2	千分尺	25～50 mm、50～75 mm	0.01 mm	各1把
3	百分表及表座	0～10 mm		1套
4	刷子、油壶等			若干
5	90°偏刀	25×25		1把
6	其他	1. 函数型计算器		
7		2. 其他常用辅具		
8	材料	45 钢		
9	数控系统	SINUMERIK 802D、FANUC 0i 或华中 IINC 数控系统		
编制（日期）		审核（日期）	批准（日期）	

(4) 确定切削用量。

根据零件被加工表面的质量要求、刀具材料和工件材料，参考相关资料选取切削速度和进给量。数控加工工艺卡见表 3-25。

表 3-25 数控加工工艺卡

班级	姓名	产品名称或代号	零件名称	零件图号
			外圆锥零件	
工序号	程序编号	夹具名称	使用设备	车间
	SC20152(O0002)	自定心卡盘	CK6136 数控车床	数控中心
工步号	工步内容	刀具号	刀具规格 /mm	主轴转速 /(r/min)	进给速度 /(mm/r)	切削深度 /mm	备注
1	车端面	T1	25×25	800	0.15	0.5	自动
2	粗、精车 $\phi 45h7 \times 50$ mm、$\phi 26h7 \times 15$ mm 及倒角去锐至图样尺寸	T1	25×25	粗车：800 精车：1 200	粗车：0.25 精车：0.1	粗车：2 精车：0.25	自动
3	粗、精车外圆锥至图样尺寸要求	T1	25×25	1 200	粗车：0.25 精车：0.1	0.25	自动
4	检测						
编制	×××	审核 ×××	批准 ×××	年 月 日	共 页	第 页	

2）编制数控加工参考程序

SINUMERIK 802d 系统和 FANUC 0i 系统外圆锥轴加工参考程序见表 3-26 和表 3-27。

表 3-26　SINUMERIK 802D 系统外圆锥轴加工参考程序

程序段号	程序内容	动作说明
	SC20152.MPF	程序名
N010	G90 G95 G00 X80 Z100	绝对坐标编程，进给速度单位为 mm/r，车刀定位到换刀点
N020	M03 S800	启动主轴，转速为 800 r/min
N030	T1D1 M08	换 1 号刀，切削液开
N040	G00 X52 Z2	刀具移动到起刀点
N050	G01 Z0 F0.15	车刀进给至端面，车端面开始
N060	X0	车端面
N070	G00 Z2	退刀
N080	X52	刀具移动到起刀点
N090	X45.5	车刀进给一个切削深度(2.25 mm)
N100	G01 Z-65 F0.25	粗车外圆
N110	X52	车端面
N120	G00 Z2	车刀回到起刀点
N130	X41.5	车刀进给一个切削深度(2 mm)
N140	G01 Z-15	粗车外圆
N150	X47	车端面
N160	G00 Z2	车刀回到起刀点
N170	X37.5	车刀进给一个切削深度(2 mm)
N180	G01 Z-15	粗车外圆
N190	X47	车端面
N200	G00 Z2	车刀回到起刀点
N210	X33.5	车刀进给一个切削深度(2 mm)
N220	G01 Z-15	粗车外圆
N230	X47	车端面
N240	G00 Z2	车刀回到起刀点
N250	X29.5	车刀进给一个切削深度(2 mm)
N260	G01 Z-15	粗车外圆
N270	X47	车端面
N280	G00 Z2	车刀回到起刀点
N290	X26.5	车刀进给一个切削深度(1.5 mm)
N300	G01 Z-15	粗车外圆
N310	X36.5	车端面，车刀定位至外圆锥面起点
N320	G01 X45.5 Z-25	按照起点相同的循环进给路线加工外圆锥面，粗车第一刀
N330	G00 Z-15	退刀
N340	X36.5	车刀定位至外圆锥面起点
N350	G01 X45.5 Z-35	按照起点相同的循环进给路线加工外圆锥面，粗车第二刀
N360	G00 Z-15	退刀
N370	X36.5	车刀定位至外圆锥面起点
N380	G01 X45.5 Z-45	按照起点相同的循环进给路线加工外圆锥面，粗车第二刀
N390	G00 Z2	退刀
N400	X80 Z100	车刀回到换刀点
N410	M05	主轴停止
N420	M00	暂停，检查工件，调整磨耗参数
N430	M03 S1200	主轴正转，转速为 1 200 r/min，精加工开始
N440	T1D1	

续表

程序内容		动作说明
N450	G00 X52 Z2	车刀定位至起刀点
N460	G00 X18	车刀进给至倒角起点
N470	G01 X26 Z-2 F0.1	倒角
N480	Z-15	精车外圆
N490	G42 X36	车端面
N500	X45 Z-45	精车锥面
N510	G40 Z-65	精车外圆
N520	X49	车端面
N530	X50 Z-65.5	去锐
N540	X52	退刀
N550	G00 Z2	车刀退回起刀点
N560	X80 M09	切削液关
N570	Z100	车刀退回换刀点
N580	M05	主轴停止
N590	M30	程序结束并返回程序开始

表 3-27 FANUC 0i 系统外圆锥轴加工参考程序

程序段号	程序内容	动作说明
	O0002;	程序名
N010	G90 G99 G00 X80 Z100;	绝对坐标编程，进给速度单位为 mm/r，车刀定位到换刀点
N020	M03 S800;	启动主轴，转速为 800 r/min
N030	T0101 M08;	换 1 号刀，切削液开
N040	G00 X52 Z2;	刀具移动到起刀点
N050	G01 Z0 F0.15;	车刀进给至端面，车端面开始
N060	X0;	车端面
N070	G00 Z2;	退刀
N080	X52;	刀具移动到起刀点
N090	X45.5;	车刀进给一个切削深度(2.25 mm)
N100	G01 Z-65 F0.25;	粗车外圆
N110	X52;	车端面
N120	G00 Z2;	车刀回到起刀点
N130	X41.5;	车刀进给一个切削深度(2 mm)
N140	G01 Z-15;	粗车外圆
N150	X47;	车端面
N160	G00 Z2;	车刀回到起刀点
N170	X37.5;	车刀进给一个切削深度(2 mm)
N180	G01 Z-15;	粗车外圆
N190	X47;	车端面
N200	G00 Z2;	车刀回到起刀点
N210	X33.5;	车刀进给一个切削深度(2 mm)
N220	G01 Z-15;	粗车外圆
N230	X47;	车端面
N240	G00 Z2;	车刀回到起刀点
N250	X29.5;	车刀进给一个切削深度(2 mm)
N260	G01 Z-15;	粗车外圆

续表

程序内容		动作说明
N270	X47;	车端面
N280	G00 Z2;	车刀回到起刀点
N290	X26.5;	车刀进给一个切削深度(1.5 mm)
N300	G01 Z-15;	粗车外圆
N310	X36.5;	车端面,车刀定位至外圆锥面起点
N320	G01 X45.5 Z-25;	按照起点相同的循环进给路线加工外圆锥面,粗车第一刀
N330	G00 Z-15;	退刀
N340	X36.5;	车刀定位至外圆锥面起点
N350	G01 X45.5 Z-35;	按照起点相同的循环进给路线加工外圆锥面,粗车第二刀
N360	G00 Z-15;	退刀
N370	X36.5;	车刀定位至外圆锥面起点
N380	G01 X45.5 Z-45;	按照起点相同的循环进给路线加工外圆锥面,粗车第二刀
N390	G00 Z2;	退刀
N400	X80 Z100;	车刀回到换刀点
N410	M05;	主轴停止
N420	M00;	暂停,检查工件,调整磨耗参数
N430	M03 S1200;	主轴正转,转速为1 200 r/min,精加工开始
N440	T0101;	
N450	G00 X52 Z2;	车刀定位至起刀点
N460	G00 X18;	车刀进给至倒角起点
N470	G01 X26 Z-2 F0.1;	倒角
N480	Z-15;	精车外圆
N490	G42 X36;	车端面
N500	X45 Z-45;	精车锥面
N510	G40 Z-65;	精车外圆
N520	X49;	车端面
N530	X50 Z-65.5;	去锐
N540	X52;	退刀
N550	G00 Z2;	车刀退回起刀点
N560	X80 M09;	切削液关
N570	Z100;	车刀退回换刀点
N580	M05;	主轴停止
N590	M30;	程序结束并返回程序开始

二 循环功能指令练习

在实际的生产中,工件常常以毛坯的形式出现。从毛坯到产品,刀具加工的轨迹不仅只是精加工路线,而且还要考虑毛坯的粗加工情况。根据机床工艺系统的刚度,采用不同的切削深度。也就是说,从毛坯外圆切至工件要求的外径尺寸,需要进行若干次走刀(径向分次加工),即重复加工若干次才能从毛坯外圆切至工件要求的外径尺寸,仅仅使用G00、G01、G02、G03等准备功能指令进行编程会使得编程工作量大而复杂,而学会循环指令的应用能简化编程。

拓展训练
轴的外沟槽
加工实例

下面以圆弧锥度轴加工为例介绍循环指令的应用方法。

1. 圆弧锥度轴的工艺分析及加工工艺方案的制定

1)工艺分析

如图 3-59 所示,圆弧面的粗加工与一般的外圆、锥面不同,加工中存在着切削用量不均匀,切削深度过大,容易损坏刀具的问题。因此,在圆弧面的粗加工中要合理选择加工路线和切削方法,在保证切削深度尽可能均匀的情况下,减少走刀次数和空行程。

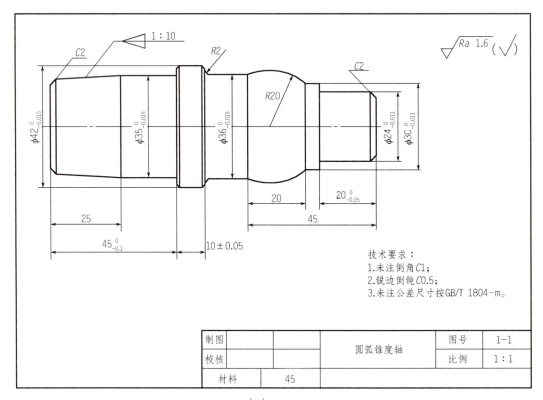

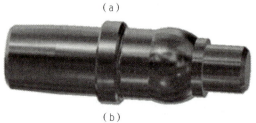

图 3-59 圆弧锥度轴零件图及三维图
(a)零件图;(b)三维图

(1)凸圆弧的车削方法。车削凸圆弧表面时,需要合理设定其粗车加工路线,常用的圆弧加工路线有以下几种。

①同心圆车削法。同心圆车削法是用不同的半径切除毛坯余量,此方法在确定了每次切削深度后,对 90°圆弧的起点、终点坐标计算简单,编程方便,如图 3-60(a)所示。

②车锥法。车锥法是用车圆锥的方法切除圆弧毛坯余量,如图 3-60(b)所示。加工路

线不能超过 A、B 两点的连线，否则会产生过切。车锥法一般适用于圆心角小于 90°的圆弧。A、B 两点坐标值计算为 $AC=BC=\sqrt{2}\times CF=0.586R$。$A$ 点坐标为 $[(R-0.586R)，0]$，B 点坐标为 $(R, 0.586R)$。

③等径圆偏移法。等径圆偏移法如图 3-60(c)所示，此方法计算简单，编程方便，切削余量均匀，适合半径较大的圆弧面的车削。

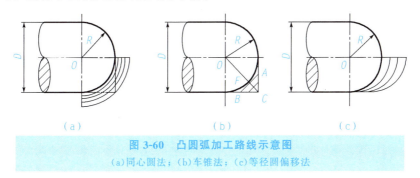

图 3-60　凸圆弧加工路线示意图
(a)同心圆法；(b)车锥法；(c)等径圆偏移法

(2)凹圆弧面车削方法。当圆弧表面为凹圆弧时，加工方法有等径圆弧法、同心圆弧法、梯形法、三角形法，如图 3-61 所示。

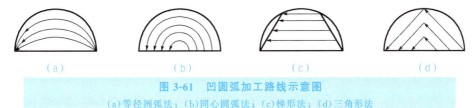

图 3-61　凹圆弧加工路线示意图
(a)等径圆弧法；(b)同心圆弧法；(c)梯形法；(d)三角形法

①等径圆弧法如图 3-61(a)所示，其特点是计算和编程简单，但走刀路线较其他几种方法长。

②同心圆弧法如图 3-61(b)所示，其特点是走刀路线短，精车余量均匀。

③梯形法如图 3-61(c)所示，其特点是切削力分布合理，加工效率高。

④三角形法如图 3-61(d)所示，走刀路线较同心圆弧法长，但是比梯形法与等径圆弧法短。

对于较长或必须经多道工序才能完成的轴类零件，为保证每次安装时的精度可用两顶尖装夹。两顶尖装夹轴类零件定位精度高，操作方便，但装夹前必须在工件两端钻出适宜的中心孔。

两顶尖装夹工件示意图如图 3-62 所示。

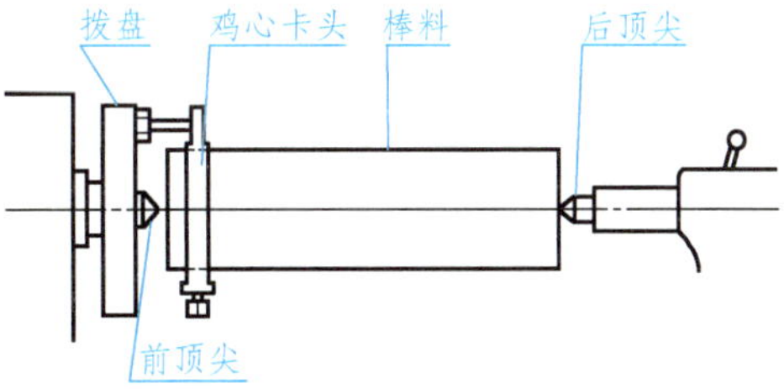

图 3-62　两顶尖装夹工件示意图

a. 分别安装前、后顶尖，并调整主轴轴线与尾座套筒轴线同轴，根据工件长度调整固定位置。

b. 用鸡心卡头或哈弗夹头夹紧工件另一端的适当部位，拨杆伸出轴端。

c. 将有鸡心卡头的工件一端中心放置在前顶尖上，并使拨杆贴近拨盘的凹槽或卡盘的卡爪以带动工件旋转。

d. 将尾座顶尖顶入工件尾端中心孔中，其松紧程度以工件可以灵活转动、没有轴向制动跳动为宜；如后顶尖用固定顶尖支顶，应加润滑油，然后将尾座套筒锁紧。

用两顶尖装夹工件虽然定位精度较高，但是刚性较差，尤其对于粗大笨重的零件，装夹时的稳定性不够，切削用量的选择受到限制，这时可以选择工件一端用卡盘夹持，另一端用顶尖支承的一夹一顶方式装夹工件，如图 3-63 所示。这种装夹方法安全、可靠，能承受较大的轴向切削力，但是对于相互位置精度要求较高的工件，掉头车削时，校正较困难。

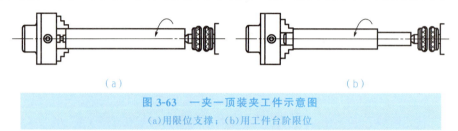

（a）　　　　　　　　　　　　　　（b）

图 3-63　一夹一顶装夹工件示意图
(a)用限位支撑；(b)用工件台阶限位

用一夹一顶方式装夹工件时，为了防止工件的轴向制动跳动，通常在卡盘内装一个轴向支撑，或在工件的被夹持部位车削一个 10mm 左右的台阶，作为轴向限位支撑。

2）加工工艺路线

圆弧锥度轴加工工艺路线见表 3-28。

表 3-28　圆弧锥度轴加工工艺路线

序号	工步	工序内容	加工简图
1	工步 1	夹毛坯，伸出 60 mm，车端面，保证总长 116 mm，建立工件坐标系	
2	工步 2	利用 CYCLE95 循环指令粗、精车 $\phi 42_{-0.025}^{0} \times 57$ mm，$\phi 35_{-0.025}^{0} \times 45$ mm 及 1∶10 锥度至图样尺寸	
3	工步 3	掉头，包铜皮，夹 $\phi 35_{-0.025}^{0} \times 45$ mm 处，车端面，控制总长 115 mm 至图样尺寸	
4	工步 4	利用 CYCLE95 循环指令粗、精车 $\phi 24_{-0.021}^{0} \times 20_{-0.05}^{0}$ mm，$\phi 30_{-0.021}^{0}$ mm，$R 20$ mm，$\phi 36_{-0.025}^{0} \times 15$ mm 及 $R 2$ mm 外轮廓并倒角去锐至图样要求	
5	工步 5	检测	

3) 选择刀具、量具和辅助用具

刀具、量具和辅助用具准备清单见表 3-29。

表 3-29 刀具、量具和辅助用具准备清单

序号	名称	规格	精度	数量
1	游标卡尺	0～150 mm	0.02 mm	1 把
2	千分尺	25～50 mm、50～75 mm	0.01 mm	各 1 把
3	百分表及表座	0～10 mm		1 套
4	刷子、油壶等			若干
5	90°偏刀	25×25		1 把
6	其他	1. 函数型计算器		
7	其他	2. 其他常用辅具		
8	材料	45 钢		
9	数控系统	SINUMERIK 802D、FANUC 0i 或华中 HNC 数控系统		
	编制（日期）		审核（日期）	批准（日期）

4) 确定切削用量

根据零件被加工表面的质量要求、刀具材料和工件材料，参考相关资料选取切削速度和进给量。数控加工工艺卡见表 3-30。

表 3-30 数控加工工艺卡

班级	姓名	产品名称或代号	零件名称	零件图号
			圆弧锥度轴	
工序号	程序编号	夹具名称	使用设备	车间
	SC20154(O0004) SC20155(O0005)	自定心卡盘 顶尖	CK6136 数控车床	数控中心

工步号	工步内容	刀具号	刀具规格 /mm	主轴转速 /(r/min)	进给速度 /(mm/r)	切削深度 /mm	备注
1	夹毛坯，伸出 60 mm，车端面，保证总长 116 mm，建立工件坐标系	T1	25×25	800	0.15	1	手动 自动
2	粗、精车 $\phi 42_{-0.025}^{0} \times 57$ mm、$\phi 35_{-0.025}^{0} \times 45$ mm 及 1:10 锥度至图样尺寸	T1	25×25	粗车：800 精车：1 200	粗车：0.25 精车：0.1	粗车：2 精车：0.25	自动
3	掉头，包铜皮，夹 $\phi 35_{-0.025}^{0} \times 45$ mm 处，车端面，控制总长 115 mm 至图样尺寸	T1	25×25	800	0.15	0.5	手动

续表

工步号	工步内容	刀具号	刀具规格 /mm	主轴转速 /(r/min)	进给速度 /(mm/r)	切削深度 /mm	备注
4	粗、精车 $\phi 24_{-0.021}^{~0} \times 20_{-0.05}^{~0}$ mm、$\phi 30_{-0.021}^{~0}$ mm、$R20$ mm、$\phi 36_{-0.025}^{~0} \times 15$ mm 及 $R2$ mm 外轮廓并倒角去锐至图样要求	T2	25×25	粗车:800 精车:1 200	粗车:0.25 精车:0.1	粗车:2 精车:0.25	自动
5	检测						
编制		审核		批准		年 月 日	共 页 第 页

♂ 2. 编制数控加工参考程序

SINUMERIK 系统和 FANUC 系统圆弧锥度轴加工参考程序见表 3-31 和表 3-32。

表 3-31 SINUMERIK 802D 系统圆弧锥度轴加工参考程序

程序段号	程序内容	动作说明
	SC20154.MPF	程序名(工步 2)
N010	G90 G95 G00 X80 Z100	绝对坐标编程,进给速度单位为 mm/r,车刀定位到换刀点
N020	M03 S800	启动主轴,转速为 800 r/min
N030	T1D1 M08	换 1 号刀,切削液开
N040	G00 X46 Z2	刀具移动到起刀点
N050	G01 Z0 F0.15	车刀进给至端面,车端面开始
N060	X0	车端面
N070	G00 Z2	退刀
N080	X46	刀具移动到起刀点
N090	CYCLE95(AAA1, 2, 0, 0.5, 0, 0.25, 0.1, 0.1, 1, 0, 0, 1)	毛坯切削循环粗加工外轮廓
N100	G00 X80 Z100	车刀移动到换刀点
N110	M05	主轴停止
N120	M00	程序暂停,零件测量,调整磨耗
N130	M03 S1200	设置转速 1 200 r/min,开始精车
N140	T1D1	调用 1 号刀具
N150	G00 G42 X46	车刀定位到起刀点
N160	Z2	
N170	CYCLE95(AAA1, 0, 0, 0, 0, 0, 0.1, 5, 0, 0, 1)	毛坯切削循环精加工外轮廓
N180	G00 G40 X80 M09	车刀移动到换刀点,切削液关
N190	Z100	
N200	M30	程序结束

续表

程序内容		动作说明
ＡＡＡ１．ＳＰＦ		轮廓加工子程序
N010	G01　X28.5　Z0	
N020	G01　X32.711　Z-2.105	倒角 C2
N030	X35　Z-25	车锥面1∶10
N040	Z-45	车 ϕ35mm 外圆
N050	X40	车端面
N060	X42　Z-46	倒角 C1
N070	Z-55	车 ϕ42mm 外圆
N080	X46	车刀退回至 X 轴起刀点
N090	M17	子程序结束，返回主程序
SC20155.MPF		程序名(工步 4)
N010	G90 G95 G00 X80 Z100	绝对坐标编程，进给速度单位为 mm/r，车刀定位到换刀点
N020	M03　S800	启动主轴，转速为 800 r/min
N030	T2D1　M08	调用 2 号刀，切削液开
N040	G00　X46　Z2	刀具移动到起刀点
N050	CYCLE95(AAA2, 2, 0, 0.5, 0, 0.25, 0.1, 0.1, 1, 0, 0, 1)	毛坯切削循环粗加工外轮廓
N060	G00　X80　Z100	车刀移动到换刀点
N070	M05	主轴停止
N080	M00	程序暂停，零件测量，调整磨耗
N090	M03 S1200	设置转速 1 200 r/min，开始精车
N100	T2D1	调用 2 号刀具
N110	G00　G42　X46	车刀定位到起刀点
N120	Z2	
N130	CYCLE95 (AAA2, 0, 0, 0, 0, 0, 0, 0.1, 5, 0, 0, 1)	毛坯切削循环精加工外轮廓
N140	G00　G40　X80　M09	车刀移动到换刀点，切削液关
N150	Z100	
N160	M30	程序结束
AAA2.SPF		轮廓加工子程序
N010	G01　X20　Z0	
N020	G01　X24　Z-2	倒角 C2
N030	Z-19.975	车 ϕ24mm 外圆
N040	X29	车端面
N050	X30　Z-20.475	倒角 C0.5
N060	Z-25	

续表

程序内容		动作说明
N070	G03 X36 Z-45 CR=20	车 R20mm 圆弧面
N080	G01 Z-58	车 φ36mm 外圆
N090	G02 X40 Z-60 CR=2	车 R2mm 圆弧面
N100	G01 X42 Z-61	倒角 C1
N110	X46	车刀退回至 X 轴起刀点
N120	M17	子程序结束，返回主程序

表 3-32 FANUC 0i 系统圆弧锥度轴加工参考程序

程序段号	程序内容	动作说明
	O0004;	程序名（工步 2）
N010	G90 G99 G00 X80 Z100;	绝对坐标编程，进给速度单位为 mm/r，车刀定位到换刀点
N020	M03 S800;	启动主轴，粗车转速为 800 r/min
N030	T0101 M08;	换 1 号刀，切削液开
N040	G00 X46 Z2;	刀具移动到起刀点
N050	G01 Z0 F0.15;	车刀进给至端面，车端面开始
N060	X0;	车端面
N070	G00 Z2;	退刀
N080	X46;	刀具移动到起刀点
N090	G71 U2 R1;	外径粗车循环，设置粗车循环参数
N100	G71 P110 Q190 U0.5 W0.1 F0.25;	粗车循环
N110	G00 X28.5;	精加工轮廓起始段
N120	G01 Z0 F0.1;	
N130	X32.711 Z-2.105;	倒角 C2
N140	X35 Z-25;	车锥面 1∶10
N150	Z-45;	车 φ35mm 外圆
N160	X40;	车端面
N170	X42 Z-46;	倒角 C1
N180	Z-55;	车 φ42mm 外圆
N190	X46;	精加工轮廓结束段，车刀退回至 X 轴起刀点
N200	G00 X80 Z100;	车刀移动到换刀点
N210	M05;	主轴停止
N220	M00;	程序暂停，零件测量，调整磨耗
N230	M03 S1200;	设置精车转速 1 200 r/min
N240	T0101;	调用 1 号刀具
N250	G42 G00 X46 Z2;	车刀定位到起刀点
N260	G70 P110 Q190;	精车固定循环

续表

程序内容	动作说明
N270　G40　G00　X80　M09;	车刀移动到换刀点,切削液关
N280　Z100;	
N290　M30;	程序结束
O0005;	程序名(工步4)
N010　G90 G99 G00 X80 Z100;	绝对坐标编程,进给速度单位为 mm/r,车刀定位到换刀点
N020　M03　S800;	启动主轴,粗车转速为 800 r/min
N030　T0202　M08;	调用2号刀,切削液开
N040　G00　X46　Z2;	刀具移动到起刀点
N050　G73　U9　W0　R5;	固定形状粗车循环,设置循环参数
N060　G73　P70　Q170　U0.5　W0.1　F0.25;	粗车循环
N070　G00　X20;	精加工轮廓起始段
N080　G01　Z0　F0.1;	
N090　X24　Z-2;	倒角 C2
N100　Z-20;	车 ϕ24mm 外圆
N110　X30;	车端面
N120　Z-25;	车 ϕ30mm 外圆
N130　G03　X36　Z-45　R20;	车 R20mm 圆弧面
N140　G01　X-58;	车 ϕ36mm 外圆
N150　G02　X40　Z-60　R2;	车 R2mm 圆弧
N160　G01　X42　Z-61;	倒角 C1
N170　X46;	精加工轮廓结束段,车刀退回至 X 轴起刀点
N180　G00　X80　Z100;	车刀移动到换刀点
N190　M05;	主轴停止
N200　M00;	程序暂停,零件测量,调整磨耗
N210　M03　S1200;	设置精车转速 1 200 r/min
N220　T0202;	调用2号刀具
N230　G42　G00　X46　Z2;	车刀定位到起刀点
N240　G70　P70　Q170;	
N250　G40　G00　X80　M09;	车刀移动到换刀点,切削液关
N260　Z100;	
N270　M30;	程序结束

三　螺纹加工指令练习

在各种机械产品中,带有螺纹的零件应用广泛。螺纹零件的加工是数控车削的基本内容之一。

拓展训练
内圆弧孔轴套
加工实例

螺纹的种类很多，按形成螺旋线的形状不同可分为圆柱螺纹和圆锥螺纹；按用途不同可分为连接螺纹和传动螺纹；按牙型特征可分为三角形螺纹、矩形螺纹、梯形螺纹和锯齿形螺纹；按螺旋线的旋向可分为右旋螺纹和左旋螺纹；按螺旋线的线数可分为单线螺纹和多线螺纹。

下面以圆柱三角形外螺纹轴加工为例介绍螺纹指令的应用方法。

1. 圆柱三角形外螺纹轴的工艺分析及加工工艺方案的制定

1）工艺分析

如图 3-64 所示，零件特征主要为外圆、退刀槽、螺纹。

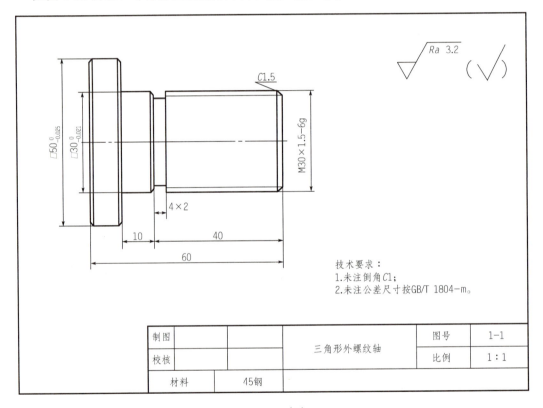

(a)

(b)

图 3-64　圆柱三角形外螺纹轴零件图及三维图

(a)零件图；(b)三维图

普通螺纹的主要参数由牙型角 α、公称直径(d、D)、螺距 P、线数 n、旋向和精度组成。螺纹的形成、尺寸和配合性能取决于螺纹要素,只有当内、外螺纹的各要素相同时才能相互配合。

(1)普通三角形螺纹的尺寸计算公式见表 3-33。

表 3-33 普通三角形螺纹的尺寸计算公式

	名称	代号	计算公式
外螺纹	牙型角	α	60°
	原始三角形高度	H	$H=\sqrt{3}/2P\approx 0.866P$
	牙型高度	h	$h=\frac{5}{8}H=\frac{5}{8}\times 0.866P=0.5413P$
	中径	d_2	$d_2=d-2\times\frac{3}{8}H=d-0.6495P$
	小径	d_1	$d_1=d-2h=d-1.0825P$
内螺纹	中径	D_2	$D_2=d_2$
	小径	D_1	$D_1=d_1$
	大径	D	$D=d=$公称直径
螺纹升角		φ	$\tan\varphi=\frac{nP}{\pi d_2}$

车削外螺纹时,工件受车刀挤压后会使螺纹大径尺寸胀大,因此车螺纹前的外圆直径应比螺纹大径(d)略小些。当螺距为 1.5~3.5mm 时,外径一般可以小 0.15~0.25mm。

(2)常用普通螺纹的切削方法。

①低速车削螺纹法。低速车削螺纹时,一般选用高速钢车刀,并且分别用粗、精车刀对螺纹进行车削。低速车削螺纹时,应根据机床和工件的刚性、螺距的大小,选择不同的进刀方法。

a. 直进法,如图 3-65(a)所示。车削时,在每次往复行程后,车刀沿横向进刀,通过多次行程,把螺纹车好。用此法车削时,车刀双面切削,容易产生扎刀现象,故此法常用于车削螺距较小的三角形螺纹。

b. 左右切削法,如图 3-65(b)所示。车削过程中,在每次往复行程后,车刀除了做横向进刀外,同时,向左或向右做微量进给,这样重复几次行程,直至把螺纹车好。

c. 斜进法,如图 3-65(c)所示。在粗车螺纹时,为了操作方便,在每次往复行程

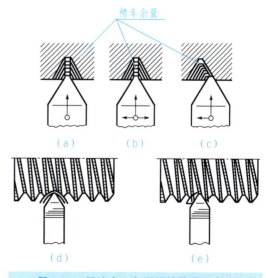

图 3-65 低速车三角形螺纹的进刀方法
(a)直进法;(b)左右切削法;(c)斜进法
(d)双面切削;(e)单面切削

后，除横向进给外，车刀只向一个方向做微量进给。但在精车时，必须用左右切削法才能使螺纹的两侧面都获得较小的表面粗糙度值。

对于左右切削法和斜进法，由于车刀单面切削，不易产生扎刀现象，常在车削较大螺距的螺纹时使用。用左右切削法精车螺纹时，左右移动量不宜过大，否则会造成牙槽底过宽及凹凸不平。

②高速车削螺纹法。用硬质合金车刀高速车螺纹，切削速度可比低速车削螺纹提高10~15倍，且进给次数可以减少2/3以上，生产效率大为提高，已被广泛采用。高速切削螺纹时，为了防止切屑拉毛牙侧，不易采用左右切削法。

(3) 升速进刀段 δ_1 和降速退刀段 δ_2。

各种螺纹上的螺旋线是按车床主轴每转一转时，纵向进刀为一个螺距(或导程)的规律进行车削的。由于车削螺纹起始时有一个加速过程，停刀时有一个减速过程，在这段距离中螺距不可能准确，所以应注意在两端设置足够的升速进刀段和降速退刀段，如图3-66所示，以消除伺服滞后造成的螺距误差。升速进刀段和降速退刀段的尺寸计算如下。

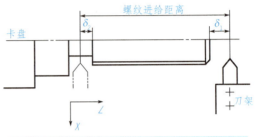

图3-66 升速进刀段和降速退刀段示意图

升速进刀段：

$$\delta_1 = nP_h/180$$

降速退刀段：

$$\delta_2 = nP_h/400$$

式中，n——主轴转速，r/min；

P_h——螺纹导程，mm。

一般可取 δ_1 为 2~5mm，δ_2 为 δ_1 的 1/2 左右。

(4) 三角形螺纹加工切削用量的选择。

在螺纹加工中，切削深度等于螺纹车刀切入工件表面的深度，若其他切削刃同时参与切削，则切削深度应为各切削刃切入深度之和。由此可以看到，随着螺纹车刀的每次切入，切削深度在逐步增加。受螺纹牙型截面大小和深度的影响，螺纹切削的切削深度可能是非常大的，而这一点不是操作者和编程人员能够轻易改变的。要使螺纹加工切削用量的选择比较合理，必须合理选择切削速度和进给量。

螺纹切削的进给量相当于加工中每次切削深度，要根据工件材料、工件刚度、刀具材料和刀具强度等诸多因素，并依据经验，通过试切来决定。每次切深过小会增加走刀次数，影响切削效率，同时加剧刀具磨损；过大又容易出现扎刀、崩尖及螺纹乱牙现象。为避免上述现象的发生，螺纹加工的每次切深一般选择递减方式，即随着螺纹深度的加深，要相应地减小进给量。在螺纹切削复合循环指令当中，同样经常采用递减方式，如第一刀的切削深度为 1，那么第二刀的切削深度为 $1/\sqrt{2}$，第三刀为 $1/\sqrt{3}$，第 n 刀为 $1/\sqrt{n}$。这一点可以在螺纹加工程序编制中灵活运用。

常用螺纹切削的进给次数与切削深度见表3-34。

表 3-34　常用螺纹切削的进给次数与切削深度

		米制螺纹						
螺距		1.0	1.5	2.0	2.5	3.0	3.5	4.0
牙深		0.649	0.974	1.299	1.624	1.949	2.273	2.598
背吃刀量进给次数	1次	0.7	0.8	0.9	1.0	1.2	1.5	1.5
	2次	0.4	0.6	0.6	0.7	0.7	0.7	0.8
	3次	0.2	0.4	0.6	0.6	0.6	0.6	0.6
	4次		0.16	0.4	0.4	0.4	0.6	0.6
	5次			0.1	0.4	0.4	0.4	0.4
	6次				0.15	0.4	0.4	0.4
	7次					0.15	0.2	0.4
	8次						0.15	0.3
	9次							0.2
		寸制螺纹						
牙		24牙	18牙	16牙	14牙	12牙	10牙	8牙
牙深		0.678	0.904	1.016	1.162	1.355	1.626	2.033
背吃刀量进给次数	1次	0.8	0.8	0.8	0.8	0.9	1.0	1.2
	2次	0.4	0.6	0.6	0.6	0.6	0.7	0.7
	3次	0.16	0.3	0.5	0.5	0.6	0.6	0.6
	4次		0.11	0.14	0.3	0.4	0.4	0.5
	5次				0.13	0.21	0.4	0.5
	6次						0.16	0.4
	7次							0.17

2)加工工艺路线

圆柱三角形外螺纹轴加工工艺路线见表 3-35。

表 3-35　圆柱三角形外螺纹轴加工工艺路线

序号	工步	工序内容	加工简图
1	工步1	夹毛坯，伸出 60 mm，车端面、外圆，建立工件坐标系	φ50，80
2	工步2	粗车 φ30 mm×50 mm 至 φ30.5 mm×50 mm	φ30.5，50

续表

序号	工步	工序内容	加工简图
3	工步 3	精车 $\phi 30$ mm×50 mm、$\phi 29.85$ mm×40 mm 并倒角去锐至图样要求	
4	工步 4	车槽 4×2 mm 至图样尺寸要求	
5	工步 5	车螺纹 M30×1.5 mm 至图样尺寸要求	
6	工步 6	检测	

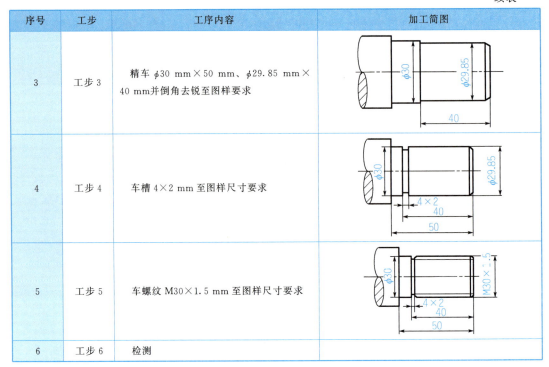

3) 选择刀具、量具和辅助用具

刀具、量具和辅助用具准备清单如表 3-36 所示。

表 3-36 刀具、量具和辅助用具准备清单

序号	名称	规格	精度	数量
1	游标卡尺	0～150 mm	0.02 mm	1 把
2	千分尺	25～50 mm、50～75 mm	0.01 mm	各 1 把
3	百分表及表座	0～10 mm		1 套
4	刷子、油壶等			若干
5	90°偏刀	25×25		1 把
6	切槽刀	25×25(刀头宽度 4 mm)		1 把
7	60°螺纹车刀	25×25		1 把
8	其他	1. 函数型计算器		
9		2. 其他常用辅具		
10	材料	45 钢		
11	数控系统	SINUMERIK 802D、FANUC 0i 或华中 HNC 数控系统		
编制(日期)		审核(日期)	批准(日期)	

4) 确定切削用量

根据零件被加工表面的质量要求、刀具材料和工件材料,参考相关资料选取切削速度和进给量。数控加工工艺卡见表 3-37。

表 3-37 数控加工工艺卡

班级		姓名		产品名称或代号		零件名称		零件图号	
						圆柱三角形外螺纹轴			
工序号		程序编号		夹具名称		使用设备		车间	
		SC20157(O0007)		自定心卡盘		CK6136 数控车床		数控中心	
工步号	工步内容		刀具号	刀具规格 /mm	主轴转速 /(r/min)	进给速度 /(mm/r)	切削深度 /mm	备注	
1	车端面，建立工件坐标系		T1	25×25	800	0.15	1	手动	
2	粗车外圆及台阶至 φ30.5 mm× 50 mm		T1	25×25	800	0.25	2	自动	
3	精车外圆及台阶至 φ30 mm× 50 mm、φ29.85 mm×40 mm 并倒角去锐至图样要求		T1	25×25	1 200	0.1	0.25	自动	
4	车槽 4×2 mm 至图样尺寸要求		T2	25×25	600	0.08		自动	
5	车螺纹 M30×1.5 mm 至图样尺寸要求		T3	25×25	600			自动	
6	检测								
编制		审核		批准		年　月　日		共　页	第　页

2. 编制数控加工参考程序

SINUMERIK 802D 系统和 FANUC 0i 系统圆柱三角形外螺纹轴加工参考程序见表 3-38 和表 3-39。

表 3-38　SINUMERIK 802D 系统圆柱三角形外螺纹轴加工参考程序

程序内容		动作说明
程序段号	SC20157.MPF	程序名
N010	G90 G95 G00 X80 Z100	绝对坐标编程，进给速度单位为 mm/r，车刀定位到换刀点
N020	M03　S800	启动主轴，转速为 800 r/min
N030	T1D1　M08	换 1 号刀，切削液开
N040	G00　X52　Z2	车刀定位到起刀点
N050	CYCLE95(AAA7, 2, 0, 0.5, 0, 0.25, 0.1, 0.1, 1, 0, 0, 1)	毛坯切削循环粗加工外轮廓
N060	G00　X80　Z100　M09	车刀移动到换刀点，切削液关
N070	M05	主轴停止
N080	M00	程序暂停
N090	M03 S1200	设置转速 1 200 r/min
N100	T1D1	调用 1 号刀具

续表

程序内容		动作说明
N110	G00 X52 Z2	车刀定位到起刀点
N120	CYCLE95(AAA7, 0, 0, 0, 0, 0, 0, 0.1, 5, 0, 0, 1)	毛坯切削循环精加工外轮廓
N130	G00 X80 M09	车刀移动到换刀点，切削液关
N140	Z100	
N150	M05	主轴停止
N160	M00	程序暂停
N170	M03 S600	设置转速 600 r/min
N180	T2D1	调用 2 号刀具
N190	G00 X52 Z2	车刀定位到起刀点
N200	Z-40	
N210	X31	车刀定位到退刀槽起点
N220	G01 X26 F0.08	切退刀槽 4×2 mm
N230	X30	车端面
N240	G00 X80 M09	车刀移动到换刀点，切削液关
N250	Z100	
N260	M05	主轴停止
N270	M00	程序暂停
N280	M03 S600	设置转速 600 r/min
N290	T3D1	调用 3 号刀具
N300	G00 X32 Z2	车刀定位到螺纹切削起点
N310	CYCLE97(1.5,, 0, -36, 29.85, 29.85, 3, 2, 0.974, 0.1, 30, 0, 4, 1, 3, 1)	车削螺纹，螺距为 1.5 mm
N320	G00 X80 M09	车刀移动到换刀点，切削液关
N330	Z100	
N340	M05	主轴停止
N350	M30	程序结束
AAA7.SPF		外轮廓加工子程序
N010	G01 X26.85 Z0	车刀定位到轮廓起点
N020	X29.85 Z-1.5	倒角 C1.5
N030	Z-40	车 $\phi 29.85$mm 外圆
N040	X30 Z-41	倒角 C1
N050	Z-50	车 $\phi 30$mm 外圆
N060	X50	车刀退回至 X 轴起刀点
N070	M17	子程序结束，返回主程序

表 3-39　FANUC 0i 系统圆柱外三角形螺纹轴加工参考程序

程序段号	程序内容	动作说明
	O0007;	程序名
N010	G90 G99 G00 X80 Z100;	绝对坐标编程，进给速度单位为mm/r，车刀定位到换刀点
N020	M03 S800;	启动主轴，粗车转速为 800 r/min
N030	T0101 M08;	换1号刀，切削液开
N040	G00 X52 Z2;	车刀定位到起刀点
N050	G71 U2 R1;	外径粗车循环，设置循环参数
N060	G71 P70 Q130 U0.5 W0.1 F0.25;	粗车循环
N070	G00 X26.85;	精车加工轮廓起始段，车刀定位到倒角起点
N080	G01 Z0 F0.1;	
N090	X29.85 Z-1.5;	倒角 C1.5
N100	Z-40;	车 ϕ29.85mm 外圆
N110	X30 Z-41;	倒角 C1
N120	Z-50;	车 ϕ30mm 外圆
N130	X52;	精车加工轮廓结束段，车刀退回至X轴起刀点
N140	G00 X80 Z100 M09;	车刀移动到换刀点，切削液关
N150	M05;	主轴停止
N160	M00;	程序暂停
N170	M03 S1200;	设置精车转速 1 200 r/min
N180	T0101;	调用1号刀具
N190	G00 X52 Z2;	车刀定位到起刀点
N200	G70 P70 Q130;	精车固定循环
N210	G00 X80 M09;	车刀移动到换刀点，切削液关
N220	Z100;	
N230	M05;	主轴停止
N240	M00;	程序暂停
N250	M03 S600;	设置车槽转速 600 r/min
N260	T0202;	调用2号切槽刀，刀头宽度 4 mm
N270	G00 X52 Z2;	车刀定位到起刀点
N280	Z-40;	
N290	X31;	车刀定位到退刀槽起点
N300	G01 X26 F0.08;	切退刀槽 4×2 mm
N310	X30;	车端面
N320	G00 X80 M09;	车刀移动到换刀点，切削液关
N330	Z100;	
N340	M05;	主轴停止
N350	M00;	程序暂停
N360	M03 S600;	设置车螺纹转速 600 r/min
N370	T0303;	调用3号螺纹车刀

续表

程序内容		动作说明
N380	G00　X32　Z2;	车刀定位到螺纹切削起点
N390	G92　X29.05　Z-38　F1.5;	螺纹切削循环第一刀
N400	X28.45;	螺纹切削循环第二刀
N410	X28.05;	螺纹切削循环第三刀
N420	X27.9;	螺纹切削循环第四刀
N430	X27.9;	无进给光整加工
N440	G00　X80　M09;	车刀移动到换刀点，切削液关
N450	Z100;	
N460	M05;	主轴停止
N470	M30;	程序结束

拓展训练
圆锥外三角形螺
纹轴加工实例

拓展训练
圆柱内三角形螺纹
轴套加工实例

思考与练习

一、填空题

1. 从分析零件图样到获得数控机床所需控制介质的全过程，称为_____。
2. 车削加工时主运动是工件做_____运动，进给运动是车刀做_____运动。
3. 数控机床规定，刀具远离工件的运动方向为坐标的_____。
4. 零件粗加工时，以毛坯面作为定位基准，这个毛坯面称为_____。
5. G代码被执行后，直到同组的另一G代码被执行后才无效的指令称为_____。
6. 在编程前要对所加工的零件进行_____、_____、_____、_____。
7. 在加工时，用以确定工件相对于机床、刀具和夹具正确位置所采用的基准，称为_____。
8. 确定进给路线的重点在于确定_____及_____的进给路线。

二、判断题

1. 数控车床主要用于加工各种回转表面，如外圆(含外回转槽)、内圆(含内回转槽)、平面(含台阶端面)、锥面、螺纹和滚花面等。（　　）
2. G00不能在切削加工程序中使用，只能用于刀具的空行程运动。（　　）
3. 数控车削工艺是指从工件毛坯(或半成品)的装夹开始，直到工件正常车削加工完毕、机床复位的整个工艺执行过程。（　　）
4. 精加工时首先应该选取尽可能大的切削深度。（　　）
5. 手工编程前要对所加工的零件进行加工工艺分析，自动编程则无须对零件进行工艺分析。（　　）
6. 定位基准分为粗基准和精基准。（　　）
7. 粗加工零件后，再以加工过的表面作为定位基准，这些表面称为精基准。（　　）

8. 自定心卡盘的特点为装夹工件方便、省时,并且夹紧力大。( )
9. 用做粗基准的表面应优先加工,然后安排其他表面的加工。( )
10. 确定进给路线的重点在于确定精加工的进给路线。( )
11. 数控机床与其他机床一样,当被加工的工件改变时,需要重新调整机床。( )
12. 数控车床可以车削直线、斜线、圆弧、公制螺纹和英制螺纹、圆柱管螺纹、圆锥螺纹,但是不能车削多头螺纹。( )
13. 在选择定位基准时,首先选择粗基准,粗基准选择以后,再考虑合理地选择精基准。( )
14. 在工艺系统刚性好和机床功率允许的情况下,尽可能选取大的切削速度,以提高生产效率。( )
15. 对内、外表面都需要加工的零件,在安排加工顺序时,应先将外圆表面加工完毕后,再进行内圆表面的加工。( )
16. 因数控车床具有车削内、外圆循环和车螺纹循环功能,故不需要人为确定其进给路线。( )

三、选择题

1. 数控机床的旋转轴之一 B 轴是绕( )旋转的轴。
   A. X 轴　　　　B. Y 轴　　　　C. Z 轴　　　　D. W 轴
2. 选择定位基准时,应从保证工件加工精度要求出发。在加工中,首先使用的是( );在选择定位基准时,为了保证零件的加工精度,首先考虑选择( ),然后考虑合理地选择粗基准。
   A. 粗基准　　　B. 精基准　　　C. 定位基准　　　D. 设计基准
3. 切削用量是指( )。
   A. 切削速度　　B. 进给量　　　C. 切削深度　　　D. 三者都是
4. 车削用量的选择原则是:粗车时,一般( ),最后确定一个合适的切削速度 v。
   A. 应首先选择尽可能大的吃刀量 a_p,其次选择较大的进给量 f
   B. 应首先选择尽可能小的吃刀量 a_p,其次选择较大的进给量 f
   C. 应首先选择尽可能大的吃刀量 a_p,其次选择较小的进给量 f
   D. 应首先选择尽可能小的吃刀量 a_p,其次选择较小的进给量 f
5. 粗车细长轴外圆时,刀尖的安装位置应( ),目的是增加阻尼作用。
   A. 比轴中心稍高一些　　　　　B. 与轴中心线等高
   C. 比轴中心略低一些　　　　　D. 与轴中心线高度无关
6. 数控编程时,通常用 F 指令表示刀具与工件的相对运动速度,其大小为( )。
   A. 每转进给量 f　　　　　　B. 每齿进给量 f_z
   C. 进给速度 v_f　　　　　　D. 线速度 v_c
7. 数控车床的主要切削运动形式为( )。
   A. 工件的旋转运动　　　　　　B. 工件的旋转运动和刀具的直线进给运动
   C. 表面成形运动　　　　　　　D. 表面成形运动及辅助运动
8. 在磨一个轴套时,先以内孔为基准磨外圆,再以外圆为基准磨内孔,这是遵循( )的原则。

A. 基准重合　　　B. 基准统一　　　C. 自为基准　　　D. 互为基准
9. 下列不属于工艺基准的是(　　)。
A. 定位基准　　　B. 设计基准　　　C. 装配基准　　　D. 测量基准
10. 车削回转曲面时，主运动为(　　)。
A. 工件的旋转运动　　　　　　　B. 车刀的纵向直线运动
C. 车刀的横向直线运动　　　　　D. 以上三者都是
11. 车削加工适合于加工(　　)类零件。
A. 回转体　　　B. 箱体　　　C. 任何形状　　　D. 平面轮廓
12. 制定加工方案的一般原则为先粗后精、先近后远、先内后外，程序段最少，(　　)及特殊情况特殊处理。
A. 走刀路线最短　　　　　　　　B. 将复杂轮廓简化成简单轮廓
C. 将手工编程改成自动编程　　　D. 将空间曲线转化为平面曲线
13. 精基准以(　　)作为定位基准面。
A. 未加工表面　　B. 复杂表面　　C. 切削量小的表面　　D. 加工后的表面
14. 在同等条件下，(　　)总和最短，切削的时间最短，刀具损耗最少。
A. 利用数控系统的封闭式复合循环功能控制车刀沿着工件轮廓线进给路线
B. 利用程序循环功能安排的"三角形"循环进给路线
C. 利用矩形循环功能安排的"矩形"循环进给路线
D. 利用数控系统插补指令编写的进给路线

四、简答题

1. 什么是数控车削工艺？
2. 数控车削工艺主要包括哪些内容？
3. 分析零件图样需考虑哪些方面内容？
4. 什么是进给路线？
5. 安排数控车削加工顺序时一般应遵循哪些基本原则？
6. 车削螺纹时，为什么必须设置升速段δ_1和降速段δ_2？
7. 什么是机床坐标系？什么是机床参考点？什么是工件坐标系？
8. 定位基准可分为哪几种？
9. 如何判断圆弧的顺逆？在前后置刀架的数控车床中，圆弧顺逆的判断有何不同？
10. 在什么情况下调用子程序？

五、简述题

1. 简述数控车削工艺的基本特点。
2. 请分别简述粗加工和精加工时切削用量的选择原则。
3. 简述粗基准的选择原则。
4. 简述精基准的选择原则。
5. 简述车削工件时的几种装夹方法。
6. 简述数控车床坐标系建立的基本原则。
7. 简述下列指令的意义：G04、G40、G41、G42、G96、G97、M08、M05、M30。

六、综合题

1. 分析图 3-67 所示轴类零件的数控车削工艺方案，并编制车削工艺卡片。材料：45 钢，需调质。

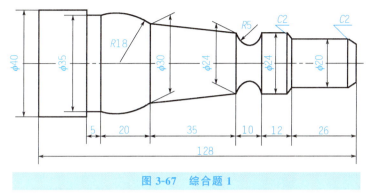

图 3-67　综合题 1

2. 请编制图 3-68 所示轴套类零件的数控车削工艺卡，并附一张刀具卡片。材料：HT400，毛坯自定。

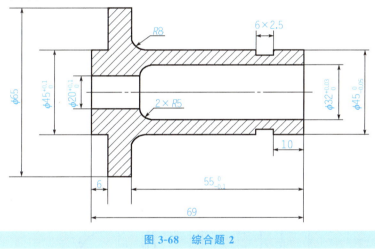

图 3-68　综合题 2

3. 根据所学知识，分别采用 SINUMERIK 802D 数控系统、FANUC 0i 数控系统编写如图 3-69～图 3-78 所示的数控加工程序。

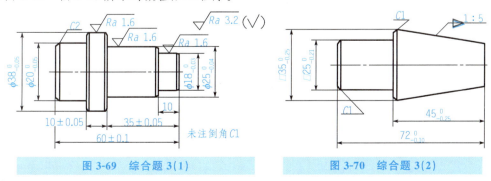

图 3-69　综合题 3(1)　　　　　图 3-70　综合题 3(2)

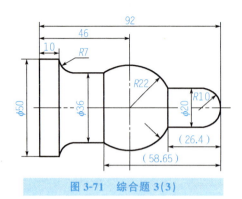

图 3-71 综合题 3(3)

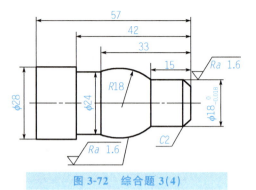

图 3-72 综合题 3(4)

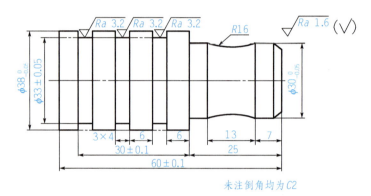

未注倒角均为C2

图 3-73 综合题 3(5)

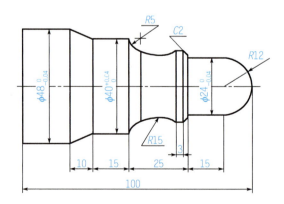

图 3-74 综合题 3(6)

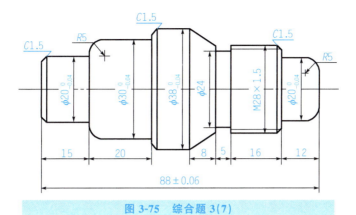

图 3-75　综合题 3(7)

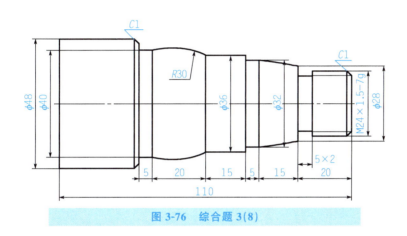

图 3-76　综合题 3(8)

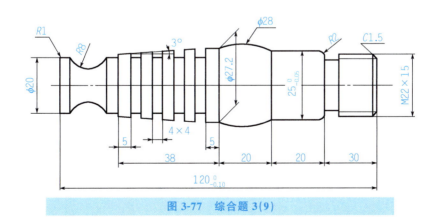

图 3-77　综合题 3(9)

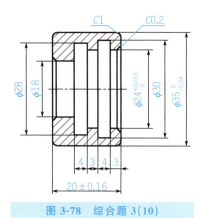

图 3-78 综合题 3(10)

大国工匠　阎敏：
导弹"咽喉主刀师"

模块四

数控铣床(加工中心)工艺与编程技术基础

单元1 数控铣削的工艺特点及其主要工艺内容

一、数控铣削的工艺特点

数控铣床的应用范围非常广。数控铣床的主要加工内容是数控铣削,除此之外还有数控钻削、数控镗削和攻螺纹等。数控铣床、铣削刀具等结构的特殊性,决定了数控铣削工艺不同于数控车削工艺,也不同于普通铣削工艺。数控铣削的工艺特点主要有以下几个方面。

(1)数控铣刀是多刀齿刀具,铣削时多个刀齿同时参与切削,所以粗铣时主轴转速可取较大值,以提高生产率。

(2)加工过程中,铣刀的切削面积和切削力变化较大,尤其是在铣刀切入和切出工件时易产生振动,因此铣刀切入和切出工件时的进给量应取小些,待铣刀完全切入工件后再增大进给量。

(3)通常在粗加工时宜采用逆铣。逆铣时,工作台运动比较平稳,不会产生抢刀和拖刀现象,因此逆铣时可采用大切削用量,以提高加工效率。精加工时要视具体情况而定:当铣削薄而长的工件或者以保证零件表面质量为主时,宜采用顺铣;当工件表面有硬皮时或切削余量较大时,宜采用逆铣。

(4)一般数控铣床的铣削速度较高、切削量较大,尤其是粗加工,切削力较大,导致加工后的工件变形较大,因此必须合理安排加工顺序,使工件变形在工序间尽量消除,并适当选择切削用量,使变形尽量减小。

(5)在数控铣床上除了使用各种铣刀之外,还可使用钻刀、镗刀、铰刀、丝锥、成形刀具等。这些刀具的用途不同,例如,钻刀适合于粗加工,镗刀、铰刀、成形刀具适合于精加工,因此各刀具采用的切削用量不同。

(6)通常数控铣床采用机用虎钳装夹工件,装夹方便、定位准确、夹具成本低。在数控铣床上一次装夹工件可加工多个表面，减少了安装工件的误差及找正定位的时间。

二、数控铣削的主要工艺内容

加工工件之前，要编制数控加工程序，而编制数控加工程序的依据是数控铣削的工艺内容，因此在编制数控加工程序之前要先对工件进行数控铣削工艺分析，并通过分析，合理制定数控铣削的工艺内容。数控铣削的工艺内容很多，主要包括：分析零件图样，选择工件定位基准，选择夹具，确定工件装夹方案，安排各表面的加工顺序，确定加工方法，选择刀具、量具和辅助用具等工艺装备，选择切削用量和刀具的进给路线等。下面以数控铣削平面为例，介绍数控铣削的主要工艺内容。

1. 识读零件图

通过对零件图样的分析，了解零件的结构、尺寸及技术要求。零件的技术要求内容包括尺寸公差、几何公差、表面粗糙度及热处理等要求。

1）分析零件的结构和尺寸精度

如图4-1和图4-2所示，已知零件尺寸为60mm×60mm×20mm，材料为45钢。零件是由两两相互平行的六个面组成的简单正六面体，结构比较简单。正六面体长、宽、高三个方向的尺寸公差均为0.25mm，尺寸精度要求较高，因此，必须合理安排数控铣削加工工艺，制定出合理的提高尺寸精度的工艺方法，以满足零件尺寸精度要求。

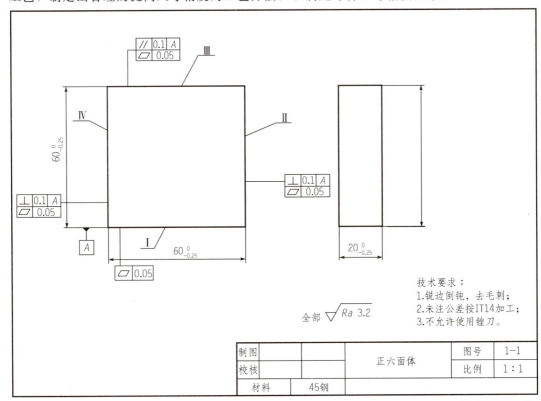

图 4-1 正六面体零件图

根据零件尺寸精度要求,可安排数控铣削粗、精加工。粗加工数控加工程序内容与精加工数控加工程序内容基本是相同的,区别在于主轴转速、进给速度不同,使用的刀具相同(有些零件粗、精加工中使用相同的刀具),当刀具的走刀路线无特殊要求时,粗、精加工走刀路线应该是相同的,即程序中各刀位点的数值均相同,不同的是精加工之前要在数控铣床系统中修改刀具补偿值,以达到改变切削用量的目的,实现精加工。

图 4-2 正六面体零件三维图

在分析过程中,还可以同时进行一些尺寸的换算,如增量尺寸、绝对尺寸及尺寸链的计算等。因本例中正六面体结构简单,可不必进行尺寸换算。在编制数控铣削加工程序时,常常取零件最大极限尺寸和最小极限尺寸的平均值作为编程的尺寸依据。在本例中,正六面体的几个尺寸精度要求均较高,尺寸公差数值较小,故编程时不必取平均值,而全部取其基本尺寸即可。

2) 分析零件的形状和位置精度

通过分析零件图样可知,正六面体的四个侧面分别有平面度、垂直度、平行度要求,为主要加工表面。要求四个侧面的平面度误差均不能超过 0.05mm。Ⅰ面为其他三个侧面的定位基准面,要求Ⅲ面相对于Ⅰ面的平行度误差不能超过 0.1mm,Ⅱ、Ⅳ两面相对于Ⅰ面的垂直度误差不能超过 0.1mm。在本例中,数控铣削的重点是保证四个侧面的平面度、垂直度和平行度。

3) 分析零件的表面粗糙度

正六面体所有的平面均要求表面粗糙度 Ra 值为 $3.2\mu m$,精度要求不太高,在数控铣床上加工即可达到零件表面粗糙度要求。

4) 材料及热处理要求

零件图样上给定的材料与热处理要求是选择刀具、机床型号及确定切削用量等的依据。从零件图样可知,零件材料为 45 钢,无热处理和硬度要求。

♂ 2. 选择工件定位基准

为了保证零件的加工精度,首先应考虑如何选择精基准,再合理选择粗基准。另外,有时为了使基准统一或定位可靠、操作方便,人为地制造一种基准面,这些表面仅仅在加工中起定位作用,如顶尖孔、工艺凸台等。这类基准称为辅助基准,如图 4-3 所示的 B 面。

♂ 3. 选择夹具,确定工件装夹方法

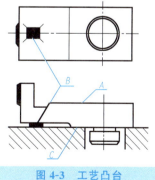

图 4-3 工艺凸台

在数控铣床上常用的夹具有平口钳、分度头、组合夹具和专业夹具等,经济型数控铣床一般选用平口钳装夹工件。平口钳放在数控铣床工作台上要找正、定位后方能固定。选择夹具,确定工件装夹方法的原则如下。

(1) 装夹时应使工件的加工面充分暴露在外,工件定位夹紧的部位应不妨碍各部位的加工、刀具更换及重要部位的测量。

（2）将工件放入平口钳时，一般要使工件的一个基准面朝下，紧靠垫块，另一个基准面紧靠固定钳口。

（3）尽可能选用标准夹具（平口钳）或组合夹具，在成批生产时才考虑专用夹具，并力求夹具结构简单。

（4）夹具的安装要准确、可靠，同时应具备足够的强度和刚度，以减小其变形对加工精度的影响。

（5）工件的装卸要方便、可靠，以缩短辅助时间和保证安全。

本例正六面体的加工可选择精密平口钳装夹工件。安装平口钳时，要对平口钳进行校正：根据加工精度的要求，应使固定钳口与数控铣床 X 轴的平行度误差不超出 0.01mm；使固定钳口与铣床主轴轴线的垂直度误差不超出 0.01mm；使平口钳的底面平行于工作台面。工件未加工表面与钳口之间加圆柱棒；工件已加工表面与钳口之间加垫片；工件底面与平口钳底面之间加垫块。根据工件的高度尺寸、采用的切削用量及平口钳夹紧力较小的特点，在满足工件加工要求的前提下，使工件高出钳口顶面尽量少一些。

♂ 4. 安排工件各表面的加工顺序

安排工件各表面的加工顺序时应遵循先面后孔、先内后外、减少换刀次数和连续加工的原则，此外，还要遵循基面先行、先粗后精和先主后次的原则。

通过上述分析，图 4-1 所示正六面体各表面的加工顺序如下：粗铣毛坯顶面→粗铣毛坯底面→粗铣毛坯前面（Ⅰ面）→粗铣毛坯后面（Ⅲ面）→粗铣毛坯右面（Ⅱ面）→粗铣毛坯左面（Ⅳ面）→精铣顶面→精铣底面→精铣Ⅰ面→精铣Ⅲ面→精铣Ⅱ面→精铣Ⅳ面。

本例中正六面体在立式数控铣床（加工中心）上铣削，采用 ϕ80mm 的盘铣刀铣削各表面。刀具一次走刀即可加工出整个平面，没有接刀痕，加工精度易于保证。这样加工的不足之处是需要经常更换加工表面，因此装夹次数多，工件的安装误差会影响加工精度，必须经常使用百分表校正。

♂ 5. 确定工件加工方法

在确定工件加工方法时，除了考虑生产率要求和经济效益外，还应考虑下列因素。

（1）根据每个加工表面的技术要求，确定加工方法，以及分几次加工。

（2）工件材料的性质。例如，淬硬钢零件的精加工要用磨削的方法；有色金属零件的精加工应采用精铣等加工方法，而不应采用磨削。

（3）工件的结构和尺寸。例如，对于精度较高的孔，采用铰削、镗削和磨削等加工方法均可；直径较小的孔适宜于用铰削方法提高加工精度；直径大于 60mm 的孔适宜于先钻后镗的精加工方法。

常用平面加工方法有双向横坐标平行法、单向横坐标平行法、单向纵坐标平行法、双向纵坐标平行法、内向环切法和外向环切法，如图 4-4 所示。其中，双向横坐标平行法、双向纵坐标平行法和环切法较实用。

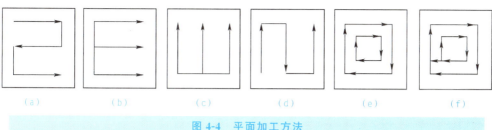

图 4-4 平面加工方法

(a)双向横坐标平行法；(b)单向横坐标平行法；(c)单向纵坐标平行法
(d)双向纵坐标平行法；(e)内向环切法；(f)外向环切法

♂ 6. 选择刀具、量具和辅助用具

刀具型号及刀具材料的选用主要依据零件材料的切削加工性、工件尺寸及精度要求等，具体内容请参照第三章；量具根据零件图的技术要求，选用直角尺、游标卡尺、千分尺、百分表及表面粗糙度仪等。本例中正六面体零件的材料为 45 钢，零件切削加工性能较好，选用 $\phi80$mm 硬质合金盘铣刀铣削平面，刀具可一次单向铣削完成加工，避免产生接刀痕。量具选用游标卡尺、千分尺、百分表及表面粗糙度仪等。

♂ 7. 制定数控加工方案

加工工件时，加工方案的合理性直接影响工件的加工精度。本例可采用工序集中的原则在一台立式数控铣床(或加工中心)上完成加工。铣削毛坯顶面时，以毛坯的底面作为粗基准，毛坯的底面安装在平口钳的垫块上，然后以毛坯的顶面作为定位基准，铣削底面。同样，侧面也是两两相对依次加工，先加工Ⅰ面，紧接着加工Ⅲ面，再加工Ⅱ面和Ⅳ面，如图 4-5 所示。

加工中要注意，加工每个侧面之前，都要使用百分表进行找正，以保证侧面的垂直度和平行度要求。在铣削正六面体顶面、Ⅰ面和Ⅱ面时要给底面、Ⅲ面和Ⅳ面留有足够的加工余量。在铣削底面、Ⅲ面和Ⅳ面时要保证工件的尺寸公差要求。

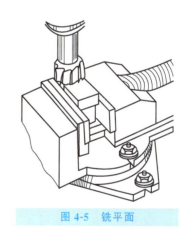

图 4-5 铣平面

♂ 8. 选择切削用量

数控铣床(加工中心)加工中的切削用量包括切削深度、侧吃刀量、铣削速度和进给量等。选择切削用量时，在保证加工质量和刀具耐用度的前提下，充分发挥机床性能和刀具切削性能，使切削效率最高，加工成本最低。

1)主轴转速的确定

主轴转速应根据铣刀直径和允许的切削速度计算确定，其中切削速度是指铣刀切削刃选定点在主运动中的线速度，也就是铣刀刀刃上离中心最远一点的线速度，如图 4-6 所示。主轴转速可通过计算或查表选取，也可按实践经验确定。

$$n = \frac{1\,000\,v}{\pi d} \tag{4-1}$$

式中，n——铣刀或铣床主轴转速，r/min；

d——铣刀直径，mm；

v_c——切削速度，m/min。

例如，直径为 60mm 的铣刀，铣削速度为 $v_c = 15$ m/min，则主轴转速为

$$n = \frac{1\,000 \times 15}{3.14 \times 60} \approx 79.6 (\text{r/min})$$

调整后数控铣床的主轴转速为 80r/min。

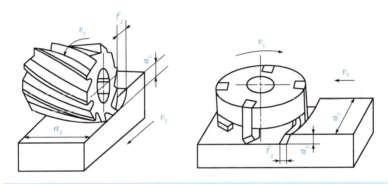

图 4-6 圆柱铣削和端铣的铣削用量
(a)圆柱铣削；(b)端铣

2) 进给量的确定

进给量是指刀具在进给运动方向上相对工件的位移量。进给量有三种表述和度量方法。

(1) 每转进给量 f：铣刀每转过一转相对工件在进给运动方向上的位移量，单位为 mm/r。

(2) 每齿进给量 f_z：铣刀每转过一刀齿相对工件在进给运动方向上的位移量，单位为 mm/z，如图 4-6(a) 所示。

(3) 每分钟进给量（进给速度）v_f：1min 内，铣刀在进给运动方向上相对工件的位移量，单位 mm/min，如图 4-6(b) 所示。

三种进给量的关系为

$$v_f = fn = f_z z n \tag{4-2}$$

式中，n——铣刀或铣床主轴转速，r/min；

z——铣刀齿数。

3) 切削深度的确定

(1) 切削深度 a_p。端铣时，a_p 为切削层深度，单位是 mm；圆周铣削时，a_p 为被加工表面宽度，单位是 mm。如图 4-6 所示。

(2) 侧吃刀量 a_e。端铣时，a_e 为被加工表面宽度，单位是 mm；圆周铣削时，a_e 为切削层深度，单位是 mm，如图 4-6 所示。

在本例中，正六面体的加工分粗铣、精铣加工。考虑到盘铣刀刀刃的刚度，粗铣时，

主轴转速取 1 500r/min，进给速度取 600mm/min，切削深度每次取 0.5mm；精铣时，主轴转速取 2 000r/min，铣刀进给速度取 800mm/min，切削深度取 0.3mm。

单元 2　数控铣削工艺规程的制定

一　数控加工工艺规程的内容

数控加工的工艺规程是企业进行生产准备的主要工艺文件，是指导生产、组织生产和管理生产的主要技术文件。常用的数控加工工艺规程有数控编程任务书、数控加工工序卡、数控加工走刀路线图、数控刀具卡、数控程序单等。这些卡片通常以表格或图表的形式表述其内容。

二　数控加工工艺规程的制定原则及步骤

数控加工工艺规程的制定原则是，在保证产品质量的前提下，尽量提高生产率和降低成本。在充分利用企业现有条件的基础上，尽可能采用国内、外先进的工艺和经验，并保证良好的劳动条件。

制定数控加工工艺规程的步骤：
(1)根据零件的年产量，确定生产类型，以便选用合适的加工方法和设备。
(2)分析零件图样。
(3)确定毛坯的类型、结构形状、制造方法等。
(4)拟订工艺路线。
(5)选择各工序的设备、刀具、夹具、量具和辅助工具。
(6)确定各工序的加工余量、计算工序尺寸及其公差。
(7)确定切削用量及计算工时定额。
(8)确定各主要工序的技术要求及检验方法。
(9)填写工艺文件。

前面已经对图 4-1 所示的正六面体进行了详细的工艺分析，并制定了数控加工工艺内容，现编制正六面体的数控加工工艺文件，见表 4-1～表 4-3。

1. 工艺信息分析卡

工艺信息分析卡见表 4-1。

表 4-1　工艺信息分析卡

名称 分析内容	铣削平面工艺 信息分析卡	班级		姓名	
		学号		日期	
毛坯尺寸	70 mm×70 mm×30 mm				
正六面体尺寸	60 mm×60 mm×20 mm				
尺寸公差	三个尺寸上极限偏差均为 0,下极限偏差均为 −0.25 mm				
平面度公差	0.05 mm				
垂直度公差	0.1 mm				
表面粗糙度	3.2 μm				
定位基准	正六面体顶面和Ⅰ面				
生产类型	小批生产				
所选机床、刀具	配置 FANUC 0i−MC 系统的数控铣床,ϕ80 mm 盘铣刀				

♂ 2. 数控加工工艺方案

数控加工工艺方案见表 4-2。

表 4-2　数控加工工艺方案

工步序号	工步内容	刀具、量具	备注
1	固定平口钳,找正固定钳口。保证钳口与铣床 X 轴的平行度误差不大于 0.01 mm;钳口与铣床主轴轴线的垂直度误差不大于 0.01 mm,找正后锁紧	百分表	校正精密平口钳
2	装夹工件。选择合适的垫片及垫块,保证其夹持量不大于 8 mm	百分表	工件与钳口之间加垫片,工件与平口钳底面之间加垫块
3	粗铣毛坯顶面(精基准面),保证留有足够的精加工余量。工件坐标系的原点设在工件顶面中心	ϕ80 mm 盘铣刀、直角尺	以毛坯的底面和侧面为粗基准,侧面与平口钳固定钳口之间加圆柱棒,底面与平口钳底面之间加垫块,使工件高出钳口顶面约 8 mm
4	粗铣毛坯底面,保证工件尺寸公差要求。工件坐标系的原点设在工件底面中心	ϕ80 mm 盘铣刀、直角尺	以顶面为基准面,安装在平口钳底面,之间加垫块。毛坯侧面与平口钳固定钳口之间加圆柱棒
5	粗铣毛坯前面(Ⅰ面),保证留有足够的加工余量。工件坐标系的原点设在工件前面中心	ϕ80 mm 盘铣刀、直角尺、游标卡尺、百分表	依次以顶面和Ⅲ面为基准,以固定钳口面和底面为定位面。顶面与固定钳口面之间加垫片,Ⅲ面与平口钳底面之间加垫块。使用百分表测量,保证Ⅰ面与顶面的垂直度要求
6	粗铣毛坯Ⅲ面,保证留有足够的精加工余量。工件坐标系的原点设在工件Ⅲ面中心	ϕ80 mm 盘铣刀、直角尺、游标卡尺、百分表	依次以顶面和Ⅰ面为精基准面,以固定钳口面和底面为定位面。使用百分表测量,保证Ⅲ面与Ⅰ面的平行度要求

续表

工步序号	工步内容	刀具、量具	备注
7	粗铣毛坯Ⅱ面，保证留有足够的加工余量。工件坐标系的原点设在工件Ⅱ面中心	φ80 mm 盘铣刀、直角尺、游标卡尺、百分表	依次以顶面和Ⅳ面为基准，以固定钳口面和底面为定位面。使用百分表测量，保证Ⅱ面与Ⅰ面的垂直度要求
8	粗铣毛坯Ⅳ面，保证留有足够的精加工余量。工件坐标系的原点设在工件Ⅳ面中心	φ80 mm 盘铣刀、直角尺、游标卡尺、百分表	依次以顶面和Ⅱ面为精基准面，以固定钳口面和底面为定位面。使用百分表测量，保证Ⅳ面与Ⅱ面的平行度要求、与Ⅰ面的垂直度要求
9	依次精铣工件四个侧面，保证工件尺寸公差和几何公差要求	φ80 mm 盘铣刀、直角尺、游标卡尺、百分表、表面粗糙度仪	工件与固定钳口及平口钳底面之间分别加铜皮、垫片及垫铁，并使用百分表检测

♂ 3. 刀具、量具和辅助用具准备清单

刀具、量具和辅助用具准备清单见表 4-3。

表 4-3 刀具、量具和辅助用具准备清单

序号	名称	规格	精度	数量
1	游标卡尺	0～150 mm	0.02 mm	1
2	千分尺	75～100 mm	0.01 mm	1
3	盘铣刀	φ80 mm		1
4	百分表及表座	0～10 mm		1
5	垫片、垫块、铜皮等			若干
6	精密平口钳	GT15A		1
7	其他	1. 函数型计算器		
8		2. 其他常用辅具		

单元 3　数控铣削编程技术基础

数控程序是数控加工的关键，其内容直接关系到被加工零件的轮廓形状及其加工精度。下面主要以 FANUC 0i 系统、SINUMERIK 802D 系统为例介绍数控机床加工程序编制的基础知识和编制方法。

一　数控加工程序的组成及格式

数控铣削程序和数控车削程序的组成及格式基本相同。一个完整的 FANUC 0i 系统数控铣削程序由程序开始符号、程序名、程序主体和程序结束段等部分组成。SINUMERIK

802D 系统数控铣削程序也是由程序名、程序主体和程序结束段等部分组成。

如图 4-7 所示，数控铣削正六面体侧面，采用 FANUC 0i 系统的精加工程序如下：

每个程序段由程序段号、若干个指令字(功能字)和程序段结束符号组成。例如：

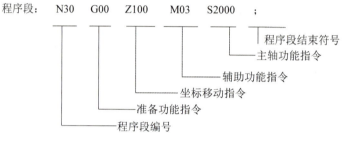

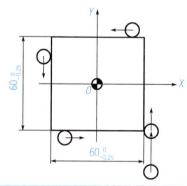

图 4-7 数控铣削正六面体侧面

在上面的程序段中，G00、Z100、M03、S2000 都是指令字。每个指令字均由地址码和数字或字母组成，代表机床的一个位置或一个动作。例如，G00 由地址码 G 和数字 00 组成。指令字是指令的最小单位。数控系统识别各个地址码之后，发出指令，控制数控机床运动。在上述程序段中，G00 是快速点定位指令；Z100 指定刀具应移动到 Z 值为 +100mm 的位置；M03 指定主轴正转；S2000 表示主轴转速为 2 000 r/min；";"是程序段结束码(符)。FANUC 系统的程序段结束码是";"，而且每一程序段都由";"号结束；SINUMERIK 802D 系统在程序编写过程中进行换行时或按输入键时可以自动产生程序段结束码。

在程序段中，除了程序段编号和程序段结束符必须分别放在程序段的段首和段尾之外，其他指令字的先后顺序没有要求，可互换。

常见程序段地址码见表 4-4。

表 4-4 常见程序段地址码

1	2	3	4	5	6	7	8	9	10	11
N	G	X U Q	Y V P	Z W R	I J K R	F	S	T	M	LF
程序段地址码(符)	准备功能地址码	坐标轴地址码				进给功能地址码	主轴功能地址码	刀具功能地址码	辅助功能地址码	程序段结束码

数控机床的指令格式在国际上有很多标准，并不完全一致。不同的数控系统，其程序格式仍存在一定的差异。因此，在编程时，一定要仔细了解数控系统的编程格式，参考该数控机床编程手册。

二、常用基本编程代码(功能字)

FANUC 0i 数控系统和 SIEMENS 数控系统常用基本编程代码(功能字)的含义及用法基本相同，实际运用中还需要遵照机床数控系统说明书来使用各个功能字。

1. FANUC 0i 系统常用基本编程代码(功能字)

(1)FANUC 0i 系统常用准备功能指令见表 4-5。

表 4-5 FANUC 0i 系统常用准备功能指令

G 代码	组别	功能及说明	模态和非模态	程序格式及说明
*G00	01	点定位，快速移动	模态	G00 X_ Y_ Z_ ;
*G01		直线插补，切削进给	模态	G01 X_ Y_ Z_ F_ ;
G02		圆弧插补，顺时针	模态	G02 X_ Y_ Z_ R_ F_ ;（半径编程） G02 X_ Y_ Z_ I_ J_ F_ ;（圆心编程）
G03		圆弧插补，逆时针	模态	G03 X_ Y_ Z_ R_ F_ ;（半径编程） G03 X_ Y_ Z_ I_ J_ F_ ;（圆心编程）
G04	00	暂停、准确停止	非模态	G04 X_ ;（s） G04 P_ ;（ms）
G10		设置数据	模态	
G11		取消数据设置	模态	
*G15	17	取消极坐标	模态	G15;
G16		极坐标	模态	G18 G16 Z_ X_ ;（Z 为极坐标半径，X 为极角） G19 G16 Y_ Z_ ;（Y 为极坐标半径，Z 为极角）
*G17	02	XOY 平面选择	模态	G17 X_ Y_ ;
*G18		ZOX 平面选择	模态	G18 Z_ X_ ;
*G19		YOZ 平面选择	模态	G19 Y_ Z_ ;

续表

G代码	组别	功能及说明	模态和非模态	程序格式及说明
G20	06	英制编程，单位 in	模态	
G21		公制编程，单位 mm	模态	
G27	00	返回参考点检查	非模态	G27；
G28		自动返回参考点	非模态	G28 X_ Y_ Z_ ；
G29		由参考点返回		G29 X_ Y_ Z_ ；
* G40	07	取消刀具半径补偿	模态	G40；
G41		刀具半径补偿，左补偿	模态	G01 G41 X_ Y_ Z_ D_ F_ ；
G42		刀具半径补偿，右补偿	模态	G01 G42 X_ Y_ Z_ D_ F_ ；
G43	08	刀具长度补偿，正向补偿	模态	G00 G43 Z_ H_ ；
G44		刀具长度补偿，反向补偿	模态	G00 G44 Z_ H_ ；
* G49	08	取消刀具长度补偿	模态	G49；
* G50	11	取消比例缩放	模态	G50；
* G50.1	22	取消镜像	模态	G50.1 X_ Y_ Z_ ；
G51	11	比例缩放	模态	G51 X_ Y_ Z_ P_ ；（P为缩放比例）
G51.1	22	镜像	模态	G51.1 X_ Y_ Z_ ；
G52	00	设置局部坐标系	模态	G52 TP_ ；（设置局部坐标系，TP_ 为坐标系原点） G52 TP0；（取消局部坐标系）
G53		选择机械坐标系	模态	G53 TP_ （PI）；
* G54	14	设置第一工件坐标系	模态	G54；
G55		设置第二工件坐标系	模态	G55；
G56		设置第三工件坐标系	模态	G56；
G57		设置第四工件坐标系	模态	G57；
G58		设置第五工件坐标系	模态	G58；
G59		设置第六工件坐标系	模态	G59；
G65	00	调用宏程序	非模态	G65 P_ L_ ；
G66	12	宏程序模态调用	模态	G66 P_ L_ ；
* G67		取消宏程序模态调用	模态	G67；
G68	16	坐标系旋转	模态	G68 X_ Y_ Z_ P_ ；（P为旋转角度）
* G69		取消坐标系旋转	模态	G69；

续表

G代码	组别	功能及说明	模态和非模态	程序格式及说明
G73	09	高速往复排屑深孔钻循环，常用于钻孔	模态	G73 X_ Y_ Z_ R_ Q_ F_ K_ ；（K在特殊情况下使用）
G74		攻左旋螺纹循环	模态	G74 X_ Y_ Z_ R_ P_ F_ K_ ；（K在特殊情况下使用）
G76		精镗循环，常用于精镗孔	模态	G76 X_ Y_ Z_ R_ Q_ P_ F_ K_ ；（K在特殊情况下使用）
*G80		取消固定循环	模态	G80；
G81		钻孔循环、中心孔钻削循环，常用于加工定位孔	模态	G81 X_ Y_ Z_ R_ F_ K_ ；（K在特殊情况下使用）
G82		钻孔循环、锪镗循环	模态	G82 X_ Y_ Z_ R_ P_ F_ K_ ；（K在特殊情况下使用）
G83		高速往复排屑深孔钻循环，既断屑又排屑，常用于加工精密孔及不易断屑的金属	模态	G83 X_ Y_ Z_ R_ Q_ F_ K_ ；（K在特殊情况下使用）
G84		攻右旋螺纹循环	模态	G84 X_ Y_ Z_ R_ P_ F_ K_ ；（K在特殊情况下使用）
G85		镗孔循环，常用于精密孔、铰孔或扩孔	模态	G85 X_ Y_ Z_ R_ F_ K_ ；（K在特殊情况下使用）
G86		镗孔循环	模态	G86 X_ Y_ Z_ R_ F_ K_ ；（K在特殊情况下使用）
G87		背镗循环	模态	G87 X_ Y_ Z_ R_ Q_ P_ F_ K_ ；（K在特殊情况下使用）
G88		镗孔循环	模态	G88 X_ Y_ Z_ R_ P_ F_ ；（K在特殊情况下使用）
G89		镗孔循环	模态	G89 X_ Y_ Z_ R_ P_ F_ ；（K在特殊情况下使用）
*G90	03	绝对坐标方式编程	模态	G90；
*G91		相对坐标方式编程	模态	G91；

续表

G代码	组别	功能及说明	模态和非模态	程序格式及说明
*G94	05	每分钟进给	模态	单位：mm/min
G95	05	每转进给	模态	定位：mm/r
G96	13	恒线速度	模态	
G97	13	取消恒线速度	模态	
G98	10	固定循环返回到初始点	模态	G98 Z_ ;
G99	10	固定循环返回到R点	模态	G99 Z_ ;

注：①当机床电源打开或按重置键时，标有"*"符号的G代码被激活，即默认状态。

②不同组的G代码可以在同一程序段中指定，但当两个或两个以上的同组G代码出现在同一程序段中时，最后出现的一个（同组的）G代码有效。

③由于电源打开或重置，使系统被初始化时，已指定的G20或G21代码保持有效。

④在固定循环状态下，任何一个01组的G代码都将使固定循环模态自动取消，成为G80模态。

⑤电源打开被初始化时，G22代码被激活；重置使机床被初始化时，已指定的G22或G23代码保持有效。

(2) FANUC 0i 系统常用辅助功能指令见表4-6。

表4-6　FANUC 0i 系统常用辅助功能指令

G代码	功能	G代码	功能
M00	程序停止	M41	第4轴放松
M01	程序选择性停止	M45	排屑启动
M02	程序结束	M46	排屑停止
M03	主轴正转	M58	冲屑启动
M04	主轴反转	M59	冲屑关闭
M05	主轴停止	M68	风冷启动
M06	刀具自动交换	M69	风冷关闭
M07	2号切削液开	M80	刀库向前
M08	1号切削液开	M81	旋转刀库刀具号码=主轴刀具号码
M09	切削液关	M82	主轴松刀
M10	外部吹气停止	M83	找寻新刀
M13	主轴正转且切削液开	M84	主轴夹刀
M14	主轴反转且切削液开	M85	检查主轴与刀库上的刀号是否一致（换刀前检查）
M19	主轴定向	M86	刀库后退
M29	刚性攻螺纹	M98	调用子程序
M30	程序结束并返回	M99	调用子程序结束
M40	第4轴夹紧		

2. SIEMENS 802D 系统常用基本编程代码(功能字)

(1)SINUMERIK 802D 系统常用准备功能指令见表 4-7。

表 4-7 SINUMERIK 802D 系统常用准备功能指令

G 代码	组别	功能	程序格式及说明
G00	01	快速点定位	G00 X_ Y_ Z_
*G01		直线插补	G01 X_ Y_ Z_ F_
G02		顺时针圆弧插补	G02 X_ Y_ CR= _ F_ （半径编程） G02 X_ Y_ I_ J_ F_ （圆心编程）
G03		逆时针圆弧插补	G03 X_ Y_ CR= _ (I_ J_) F_
G04	02	暂停	G04 F_ （秒） G04 S_ （转速）
G05	01	通过中间点的圆弧	G05 X_ Y_ LX_ KZ_ F_
G09	11	减速、准确停止	G01 G09 X_ Y_ Z_
*G17	06	XOY 平面选择	G17 X_ Y_
G18		XOZ 平面选择	G18 X_ Z_
G19		ZOY 平面选择	G19 Z_ Y_
G22	29	半径度量	G22
G23		直径度量	G23
G25	03	最低主轴转速极限	G25 S_ S1= _ S2_
G26		最高主轴转速极限	G26 S_ S1= _ S2_
G32	01	等螺距螺纹切削(英制)	G32 Z_ K_ SF_
G33		等螺距螺纹切削(公制)	G33 Z_ K_ SF_
*G40	07	取消刀具半径补偿	G40
G41		刀具半径左补偿	G01 G41 X_ Y_ F_
G42		刀具半径右补偿	G01 G42 X_ Y_ F_
G53	09	设定工件坐标系注销	G53
G54	08	设置第一工件坐标系	G54
G55		设置第二工件坐标系	G55
G56		设置第三工件坐标系	G56
G57		设置第四工件坐标系	G57
G60	10	零点偏置	G60 X_ Y_ Z_
G64	10	连续切削方式	G64
G70	13	英制编程	G70
G71		公制编程	G71
G74	02	自动返回参考点	G74 X1= 0 Y1= 0 Z1= 0
G75		自动返回固定点	G75 FPX1= 0 Y1= 0 Z1= 0

续表

G代码	组别	功能	程序格式及说明
G90	14	绝对值编程	G90 G01 X_ Y_ Z_ F_
G91		增量值编程	G91 G01 X_ Y_ Z_ F_
G94		每分钟进给	单位：mm/min
*G95		每转进给	定位：mm/r
G96		恒线速度	G96 S300 LIMS=_ （S= 300 m/min）
G97		每分钟转数	G97 S600；（S= 600 r/min）
G110	03	相对于上次编程的设定位置为极点	G110 X_ Y_ Z_
G111		相对于当前工件坐标系所设点为极点	G111 X_ Y_ Z_
G112		相对于上次有效极点为极点	G112 X_ Y_ Z_
G158		可编程平移	G158 X_ Y_ Z_
G331	01	攻螺纹	G331 Z_ K_
G332		攻螺纹返回	G332 Z_ K_
G450	18	圆弧过渡拐角方式	G450 DISC=_
G601	12	精准停	指令一定要在G60、G09有效时才有效
G602		粗准停	
G603		插补结束时的准停	
G641	10	过渡圆轮廓加工方式	G641 ADIS=_
CYCLE81	固定循环	钻孔循环、中心钻孔循环	CYCLE81(RTP, RFP, SDIS, DP, DPR)
CYCLE82		钻、锪孔循环	CYCLE82(RTP, RFP, SDIS, DP, DPR, DTB)
CYCLE83		深孔钻削循环	CYCLE83（RTP, RFP, SDIS, DP, DPR, FDEP, FDPR, DAM, DTB, DTS, FRF, VARI）
CYCLE84		刚性攻螺纹循环	CYCLE84（RTP, RFP, SDIS, DP, DPR, DTB, SDAC, MPIT, PIT, POSS, SST, SST1）
CYCLE85		镗孔循环	CYCLE85(RTP, RFP, SDIS, DP, DPR, DTB, FFR, RFF)
CYCLE86		精镗孔循环	CYCLE86(RTP, RFP, SDIS, DP, DPR, DTB, SDIR, RPA, RPO, RPAP, POSS)
CYCLE87		镗孔循环	CYCLE87(RTP, RFP, SDIS, DP, DPR, SDIR)
CYCLE88			CYCLE88(RTP, RFP, SDIS, DP, DPR, DTB, SDIR)
CYCLE89			CYCLE89(RTP, RFP, SDIS, DP, DPR, DTB)
CYCLE90		螺纹铣削循环	CYCLE90（RTP, RFP, SDIS, DP, DPR, DIATH, KDIAM, PIT, FFR, CDIR, TYPTH, CPA, CPO）
MCALL		模态调用	MCALL CYCLE81/ CYCLE82……

续表

G代码	组别	功能	程序格式及说明
ATRANS	框架指令	可编程偏移	ATRANS X_ Y_ Z_
TRANS			TRANS X_ Y_ Z_（取消平移时 TRANS 单独占一行）
AROT		可编程旋转	AROT RPL= _ （RPL 后加旋转度数）AROT X_ Y_ Z_
ROT			ROT RPL= _ （RPL 后加旋转度数）
			ROT X_ Y_ Z_（取消旋转时 POT 单独占一行）
AMIRROR		可编程镜像	AMIRROR X_ Y_ Z_
MIRROR			MIRROR X_ Y_ Z_（取消镜像时 MIRROR 单独占一行）
ASCALE		可编程比例缩放	ASCALE X_ Y_ Z_
SCALE			SCALE X_ Y_ Z_（取消比例缩放时 SCALE 单独占一行）
HOLES2	样式循环	圆周均布孔系样式循环	HOLES2_ （SPA, SPO, RAD, STA1, INDA, NUM）
HOLES1		直线均布孔系样式循环	HOLES1_ （SPCA, SPCO, STA1, FDIS, DBH, NUM）
POCKET2		圆形槽铣削固定循环	POCKET1_ （RTP, RFP, SDIS, DP, DPR, PRAD, CPA, CPO, FFD, FFP1, MID, CDIR, FAL, VARI, MIDF, FFP2, SSF）
POCKET1		矩形槽铣削固定循环	POCKET2_ （RTP, RFP, SDIS, DP, DPR, LENG, WID, CRAD, CPA, CPD, STA1, FFD, FFP1, MID, CDIR, FAL, VARI, MIDF, FFP2, SSF）
SLOT1		圆周阵列槽铣削固定循环	SLOT1_ （RTP, RFP, SDIS, DP, DPR, NUM, LENG, WID, CPA, CPO, RAD, STA1, INDA, FFD, FFP1, MID, CDIR, FAL, VARI, MIDF, FFP2, SSF）
SLOT2		环形槽铣削固定循环	SLOT2_ （RTP, RFP, SDIS, DP, DPR, NUM, AFSL, WID, CPA, CPO, RAD, STA1, INDA, FFD, FFP1, MID, CDIR, FAL, VARI, MIDF, FFP2, SSF）

（2）SINUMERIK 802D 系统常用辅助功能指令见表 4-8。

表 4-8　SINUMERIK 802D 系统常用辅助功能指令

G代码	功能	G代码	功能
M00	程序暂停	M17	子程序结束
M01	计划停止	M30	程序停止
M02	程序结束	M40	自动换挡
M03	主轴正转	M41	1挡
M04	主轴反转	M42	2挡
M05	主轴停止	M43	3挡
M06	刀具自动交换	M44	4挡
M08	切削液开	M45	5挡
M09	切削液关	M70	主轴转换为轴方式

三 常用 G 代码简介

1. 绝对坐标方式编程指令 G90 和相对坐标方式编程指令 G91

(1) 指令功能。

绝对坐标方式编程指令功能：在 G90 方式下，程序段中的尺寸为绝对坐标值。

相对坐标方式编程指令功能：在 G91 方式下，程序段中的尺寸为增量坐标值，即相对于前一工作点的增量值。

(2) 指令格式：

G90/G91 X__ Y__ Z__ ;

其中，X、Y、Z 分别为刀具运动的终点坐标。

(3) 指令说明。

①通常将 G90 或 G91 放在程序的开头，在刀具和工件即将运动之前，以明确编程方式。

②采用 G90 编程时，程序段中的尺寸数字为绝对坐标值，即刀具所有轨迹点的坐标值，均以程序坐标原点为基准；采用 G91 编程时，程序段中的尺寸数字为增量坐标值，即刀具当前点的坐标值减去运动前一点的坐标值。

③在选用编程方式时，应根据具体情况加以选用，同样的路径选用不同的方式，其编制的程序有很大区别。一般绝对坐标方式编程适合于在所有目标点的坐标值都已知的情况下使用，反之，采用相对坐标方式编程。

④G90、G91 均是模态指令，一旦其中一个在程序段中出现便一直有效，直到程序段中出现另一个才被取代，并开始执行另一个指令。如程序中先出现 G90，数控系统便采用绝对坐标方式编程，直到出现 G91 为止，数控系统才开始采用相对坐标方式编程。

⑤采用 G90 编程时，其可缺省，但不能缺省 G91。

(4) 编程示例。

如图 4-8 所示，刀具从 A 点移动到 B 点。

采用 G90 方式编程时，程序段中的 B 点坐标：$X = 10.0 - 0 = 10.0$，$Y = 40.0 - 0 = 40.0$；

采用 G91 方式编程时，程序段中的 B 点坐标：$X = 10.0 - 40.0 = -30.0$，$Y = 40.0 - 10.0 = 30.0$。

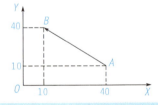

图 4-8 G90、G91 指令的应用

2. 快速点定位指令 G00

(1) 指令功能：在 G00 指令下，数控系统命令刀具以点定位控制方式从刀具所在点快速移动到下一个目标点。

(2) 指令格式：

G00 X__ Y__ Z__ ;

其中，X、Y、Z 分别为刀具运动的终点坐标。

(3) 指令说明。

①G00 不能在切削加工程序段中使用，只能用于刀具的空行程运动，即只能用于加工之前和加工之后的快速定位。G00 的运动轨迹和运动速度均由数控系统决定。

②进给功能指令 F 对 G00 程序段无效，因此 F 指令和 G00 指令不能出现在同一个程序段中。

③G00 是模态指令，一旦在程序段中出现便一直有效，直到程序段中出现其他 G 功能指令（G01、G02、G03…）而被取代为止。

④刀具运动轨迹有直线运动轨迹和非直线运动轨迹两种。采用直线运动轨迹定位时，刀具沿着一条直线快速移动到指定点，在最短的时间内定位，如图 4-9 所示，刀具从 P_1 点快速移动到 P_2 点；采用非直线运动轨迹定位时，刀具可以快速移动分别对各轴定位，刀具路径一般不是直线，如图 4-9 所示，刀具先从 P_1 点快速移动到 P_3 点，再快速移动到 P_2 点。

（4）编程示例。

如图 4-10 所示，刀具从 A 点快速移动到 B 点，准备加工工件。

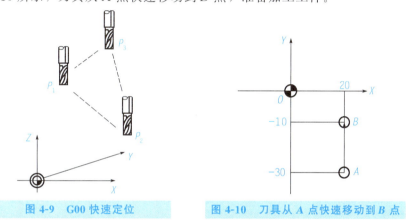

图 4-9　G00 快速定位　　　　图 4-10　刀具从 A 点快速移动到 B 点

刀具在 XOY 平面内从 A 点快速移动到 B 点的程序段如下：

N30 G90 G17 G00 X20 Y-10;

3. 直线插补指令 G01

（1）指令功能：数控系统命令机床几个坐标轴以联动方式直线插补到规定位置，此时刀具按指定的 F 进给速度沿起点到终点做直线切削运动。

（2）指令格式：

G01 X__ Y__ Z__ F__;

其中，X、Y、Z 分别为刀具运动的终点坐标；F 是进给功能指令，用于指定进给速度。

（3）指令说明。

①G01 指令和 F 指令都是模态指令，一旦在程序段中出现便一直有效，直到程序段中出现其他 G 功能指令（G00、G02、G03…）而被取代为止。

②G01 首次出现的程序段中应该有 F 进给功能指令，给出刀具进给速度。

③G01 在 G90 绝对坐标方式编程指令下，刀具从当前位置移动到工件坐标系的指定位置；在 G91 相对坐标方式编程指令下，刀具移动到偏离当前位置的指定位置。

（4）编程示例。

如图 4-11 所示，刀具从 B 点到 C 点做直线插补运动，即从 A 点快速移动到 B 点，然后以进给速度切削加工到 C 点。

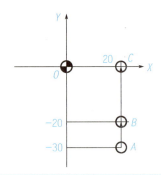

图 4-11　刀具从 B 点到 C 点做直线插补运动

刀具在 XOY 平面内采用 G90、G91 做直线插补的程序，分别见表 4-9 和表 4-10。

表 4-9　采用 G90 做直线插补的程序

程序内容	程序说明
N10 G17 G00 G90 X20 Y- 20;	刀具从 A 点快速移动到 B 点
N20 G01 X20 Y0 F200;	刀具以 200 mm/min 的进给速度从 B 点移动到 C 点(G90、G17 是模态指令，所以在本程序段继续执行这两个指令，本程序段可省略不写)

表 4-10　采用 G91 做直线插补的程序

程序内容	程序说明
N10 G17 G00 G91 X0 Y10;	刀具从 A 点快速移动到 B 点
N20 G01 X0 Y20 F200;	刀具以 200 mm/min 的进给速度从 B 点移动到 C 点(G91、G17 是模态指令，所以在本程序段继续执行这两个指令，本程序段可省略不写)

4. 圆弧插补指令 G02/G03

(1)指令功能：G02 和 G03 一般用于工件圆弧切削，刀具在指定平面内按给定的进给速度做圆弧切削运动，切出圆弧轮廓。

(2)指令格式。

在 XOY 平面内：

G17 G02/G03 X_ Y_ I_ J_ F_ ;

或

G17 G02/G03 X_ Y_ R_ F_ ;

在 XOZ 平面内：

G18 G02/G03 X_ Z_ I_ K_ F_ ;

或

G18 G02/G03 X_ Z_ R_ F_ ;

在 YZ 平面内：

G19 G02/G03 Y_ Z_ J_ K_ F_;

或

G19 G02/G03 Y_ Z_ R_ F_ ;

其中,X、Y、Z为圆弧终点坐标;I、J、K为圆心相对于圆弧起点的增量,即圆心的坐标减去圆弧起点的坐标,在使用G90和G91时均以增量方式指定;R为圆弧半径;F为进给量。

以上是FANUC系统的圆弧插补指令格式,SINUMERIK系统与FANUC系统的不同之处是:使用圆弧半径编程时,R的表达方式不同,FANUC系统采用的是R+角度值,而SIEMENS系统采用的是(CR=)+角度值。

(3)指令说明。

①圆弧插补指令G02、G03是指分别在XOY平面、ZOX平面、YOZ平面内,沿Z轴、Y轴和X轴的正方向判断的结果,顺时针方向为G02,逆时针方向则为G03,如图4-12所示。

图4-12 圆弧插补指令

②上述格式中,当I、J、K和R同时被指定时,由R指定的圆弧有效,I、J、K无效。

③当d≤180°时,R为正值;当d>180°时,R为负值。

④编制整圆时,只能用I、J、K编程,不能用R,编程格式如下:

G02/G03 X__ Y__ Z__ I__ J__ K__

因为整圆切削经过同一点,半径相同的圆有无数个。

⑤无论是G90还是G91方式,I、J、K都按相对坐标编程。

⑥圆弧插补时,不能用刀补指令G41/G42。

⑦G02/G03为模态指令,在程序中一直有效,直到被G功能组中其他指令(G00、G01…)取代为止。

(4)编程示例。

编程示例1:刀具从A点加工到B点,圆弧圆心坐标为(15.54,5.01),如图4-13所示。

FANUC系统程序见表4-11和表4-12。

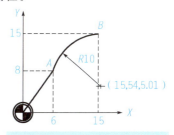

图4-13 圆弧插补(1)

表4-11 FANUC系统采用G90做圆弧插补的程序

编程方式	程序内容	程序说明
使用圆心(I、J、K)编程	N10 G90 G17 G01 X6 Y8 F100;	刀具以100 mm/min的进给速度移动到圆弧起始点(A点)
	N20 G02 X15 Y15 I9.54 J-2.99;	刀具移动到圆弧终点(B点)(G90、G17是模态指令,在本程序段可省略不写)(I的计算值为15.54-6=9.54,J的计算值为5.01-8=-2.99)

续表

编程方式	程序内容	程序说明
使用圆弧半径(R)编程	N10 G90 G17 G01 X6 Y8 F100;	刀具以 100 mm/min 的进给速度移动到圆弧起始点(A点)
	N20 G02 X15 Y15 R10;	刀具移动到圆弧终点(B点)(G90是模态指令,在本程序段可省略不写)

表 4-12　FANUC 采用 G91 做圆弧插补的程序

编程方式	程序内容	程序说明
使用圆心(I、J、K)编程	N10 G91 G17 G01 X6 Y8 F100;	刀具以 100 mm/min 的进给速度移动到圆弧起始点(A点)
	N20 G02 X9 Y7 I9.54 J-2.99;	刀具移动到圆弧终点(B点)(G91是模态指令,在本程序段可省略不写)(X的相对坐标值为 15-6=9,Y的相对坐标值为 15-8=7;I的计算值为 15.54-6=9.54,J的计算值为 5.01-8=2.99)
使用圆弧半径(R)编程	N10 G91 G17 G01 X6 Y8 F100;	刀具以 100 mm/min 的进给速度移动到圆弧起始点(A点)
	N20 G02 X9 Y7 R10;	刀具移动到圆弧终点(B点)(G91是模态指令,在本程序段可省略不写)(X的相对坐标值为 15-6=9,Y的相对坐标值为 15-8=7)

编程示例 2：刀具从 A 点加工到 B 点，如图 4-14 所示。

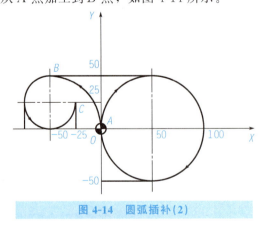

图 4-14　圆弧插补(2)

FANUC 系统程序见表 4-13 和表 4-14。

表 4-13　FANUC 系统采用 G90 做圆弧插补的程序

编程方式	程序内容	程序说明
使用圆心（I、J、K）编程	N10 G90 G17 G02 X0 Y0 I50 J0 F100;	刀具以 100 mm/min 的进给速度从 A 点（原点）出发进行整圆加工
	N20 G03 X-50 Y50 I-50 J0;	刀具从 A 点移动到 B 点（G90、G17 是模态指令，在本程序段可省略不写）（I 的计算值为-50-0=-50，J 的计算值为 0-0=0）
	N30 G03 X-25 Y25 I0 J-25;	刀具从 B 点移动到 C 点（G90、G17 是模态指令，在本程序段可省略不写）[I 的计算值为-50-(-50)=0，J 的计算值为 25-50=-25]
使用圆弧半径（R）编程	N10 G90 G17 G02 X0 Y0 I50 J0 F100;	刀具以 100 mm/min 的进给速度从 A 点出发进行整圆加工
	N20 G03 X-50 Y50 R50;	刀具从 A 点移动到 B 点（G90、G17 是模态指令，在本程序段可省略不写）（圆弧圆心角为 90°，R 取正值）
	N30 G03 X-25 Y25 R-25;	刀具从 B 点移动到 C 点（G90 是模态指令，在本程序段可省略不写）（圆弧圆心角为 270°，R 取负值）

表 4-14　FANUC 系统采用 G91 做圆弧插补的程序

编程方式	程序内容	程序说明
使用圆心（I、J、K）编程	N10 G91 G17 G02 X0 Y0 I50 J0 F100;	刀具以 100 mm/min 的进给速度从 A 点出发进行整圆加工
	N20 G03 X-50 Y50 I-50 J0;	刀具从 A 点移动到 B 点（G91、G17 是模态指令，在本程序段可省略不写）（X 的相对值是-50-0=-50，Y 的相对值是 50-0=50；I 的计算值为-50-0=-50，J 的计算值为 0-0=0）
	N20 X25 Y-25 I0 J-25;	刀具从 B 点移动到 C 点（G91、G17、G03 是模态指令，在本程序段可省略不写）[X 的相对坐标值为-25-(-50)=25，Y 的相对坐标值为 25-50=-25；I 的计算值为-50-(-50)-0，J 的计算值为 25-50=-25]
使用圆弧半径（R）编程	N10 G91 G17 G01 X6 Y8 F200;	刀具以 200 mm/min 的进给速度移动到圆弧起始点（A 点）
	N20 G03 X-50 Y50 R50;	刀具从 A 点移动到 B 点（G91、G17 是模态指令，在本程序段可省略不写）（X 的相对值是-50-0=-50，Y 的相对值是 50-0=50；圆弧圆心角为 90°，R 取正值）
	N30 X25 Y-25 R-25;	刀具从 B 点移动到 C 点（G91、G17、G03 是模态指令，在本程序段可省略不写）[X 的相对坐标值为-25-(-50)=25，Y 的相对坐标值为 25-50=-25；圆弧圆心角为 270°，R 取负值]

5. 刀具半径补偿指令 G41/G42/G40

(1)指令功能。

①在数控铣床上进行轮廓加工时,因为刀具有一定的半径,所以刀具中心轨迹和被加工工件轮廓不重合。若不考虑刀具半径,则直接按照工件轮廓编程是比较方便的。但是当加工外轮廓时,加工出的零件尺寸比图样要求小一个刀具半径值,如图 4-15(a)所示;当加工内轮廓时,加工出的零件尺寸比图样要求大一个刀具半径值,如图 4-15(b)所示。因此,在刀具切入工件之前,采用刀具半径补偿功能后,只需按工件轮廓进行编程,数控系统会自动计算刀具的刀心轨迹,使刀具偏离工件轮廓一个刀具半径值,完成刀具半径补偿。

②当零件形状复杂时,按照刀具的中心轨迹编程,其计算量太大时,宜采用刀具半径补偿功能。

③当刀具磨损、重磨或换新刀具使刀具直径变化时,必须重新计算刀具中心轨迹,修改程序,这样既烦琐,又不易保证加工精度,此时采用刀具半径补偿功能。

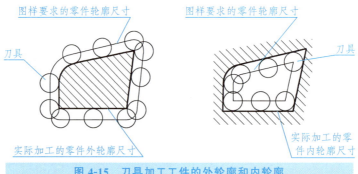

图 4-15 刀具加工工件的外轮廓和内轮廓
(a)实际加工的零件外轮廓尺寸;(b)实际加工的零件内轮廓尺寸

(2)指令格式。

①FUNAC 系统指令格式。

在 XOY 平面内建立刀补:

G17 G41/G42 G01 X__ Y__ D__ F__;

G17 G41/G42 G00 X__ Y__ D__;

在 XOY 平面内取消刀补:

G17 G40 G01/G00 X__ Y__;

若是在 XOZ 平面或 YOZ 平面内建立刀补,则用 G18 或 G19 替换 G17 即可。

②SINUMERIK 系统指令格式。

在 XOY 平面内建立刀补:

G17 G41/G42 G01 X__ Y__ F__;

G17 G41/G42 G00 X__ Y__;

在 XOY 平面内取消刀补:

G17 G40 G01/G00 X__ Y__;

若是在 XOZ 平面或 YOZ 平面内建立刀补,则用 G18 或 G19 替换 G17 即可。

其中,X、Y、Z 为建立刀补或取消刀补程序段的刀具运动轨迹的终点坐标值;D 为刀补代码(D00~D99),数控系统依据刀补代码获得刀具半径补偿值。

(3)指令说明。

①刀具半径左、右补偿的判断。

G41 与 G42 的判断方法:沿着刀具的运动方向观测,刀具位于工件的被切削轮廓左侧时,称为刀具半径左补偿,用 G41 表示;刀具位于工件的被切削轮廓右侧时,称为刀具半径右补偿,用 G42 表示,如图 4-16 所示。

②同一程序中,G41/G42 指令必须与 G40 指令成对出现。G40、G41、G42 都是模态指令。

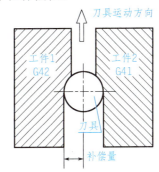

图 4-16 刀具半径补偿判断方法

③程序中的 D 代码(D01~D99)用来选择数控系统刀补表中 G41/G42 对应的刀具半径补偿值。地址 D 所对应的偏置存储器中存入的偏置值通常指刀具半径值。D 代码应与 G41/G42 同时出现在同一程序段。一般情况下,为防止出错,最好采用相同的刀具号与刀具偏置号。

④要在刀具切入工件之前建立刀具半径补偿,在刀具切出工件之后取消刀具半径补偿。此时刀具运动轨迹一般是直线,且为空行程,以防工件过切。为了保证刀具与工件的安全,刀具半径补偿时通常采用 G01 运动方式,而不采用 G02 或 G03 运动方式。建立刀具半径补偿 G42 的工作过程如图 4-17 所示。刀具在 AB 段建立刀补,在切入工件前保持一段刀补轨迹(BC 段),目的是防止刀具过切。r 为刀具半径值。

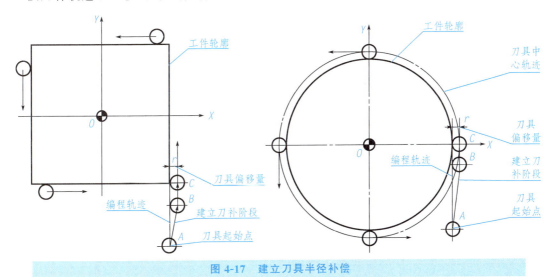

图 4-17 建立刀具半径补偿

取消刀具半径补偿 G40 的工作过程如图 4-18 所示。刀具切出工件后保持一段刀补轨迹(AB 段),在 BC 段取消刀补。r 为刀具半径值。

⑤G41/G42/G40 不能与非加工平面的坐标值在同一程序段。刀具半径补偿一般只能在平面补偿。

⑥为了保证加工质量，避免刀具发生干涉，通常采用切线（直线和圆弧）切入/切出方式来建立或取消刀补，否则刀具补偿时易产生干涉，导致系统在执行相应程序段时产生报警，停止执行，如图 4-19 所示。

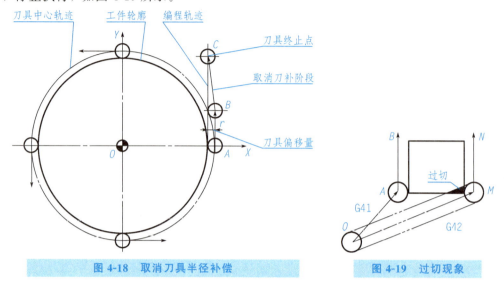

图 4-18　取消刀具半径补偿

图 4-19　过切现象

⑦在刀具半径补偿状态下，刀具的直线移动量及加工内侧圆弧的半径值要大于或等于刀具半径，否则刀具补偿时会产生干涉，导致系统在执行相应程序段时产生报警，停止执行。

⑧当刀具半径补偿平面发生变化时，G41 与 G42 切换补偿方向通常要经过取消补偿方式。在刀具半径补偿模式下，一般不允许存在连续两段或两段以上的非补偿平面内移动指令，否则刀具也会出现过切等危险动作。

⑨数控铣床（加工中心）为提高工件的表面加工质量，经常采用 G41 指令进行编程铣削。当机床主轴正转时，使用 G41 指令的铣削方式通常为顺铣，使用 G42 指令的铣削方式通常为逆铣。

⑩为了保证曲线轮廓的精度，同一轮廓可以使用同一程序、同一尺寸的刀具，利用刀具半径补偿，进行粗精加工。

在粗加工时，将刀具半径补偿值设为刀具半径加轮廓的精加工余量，即刀具半径补偿 $D = $ 刀具半径 $r + $ 精加工余量 Δ；精加工时，将刀具半径补偿值设为刀具半径加修正量。粗加工时，若测得粗加工时的工件理论尺寸 L_2 和工件实际尺寸 L_1，则尺寸变化量为 $\Delta = L_2 - L_1$，刀具半径补偿便可改为 $D = r + (L_1 - L_2)/2 = r - \Delta/2$，这样便可保证轮廓的尺寸精度，如图 4-20 所示。其中，P_1 为粗加工时的刀心位置，P_2 为修改刀补值后的刀心位置。

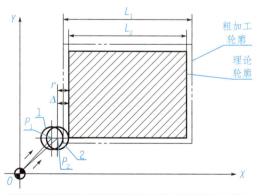

图 4-20　利用刀具半径补偿进行粗、精加工

⑪刀具因磨损、重磨、换新刀而引起刀具直径改变后,不必修改程序,只需在刀具参数设置中输入变化后的刀具半径 r_2 或磨损量即可。其中,$r_2 = r_1 - \Delta$,r_1 为刀具磨损之前的半径,Δ 为刀具实际加工轮廓与理论轮廓的差值,也是刀具磨损前后的半径差值,如图4-21 所示。只要将磨损后的刀心位置向工件偏移一个 Δ 值,就能保证轮廓的尺寸精度。

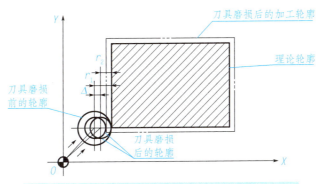

图 4-21 刀具磨损前后刀具轮廓和工件轮廓的变化

(4) 编程示例。

加工如图 4-22 所示的外轮廓,用刀具半径补偿指令编程。

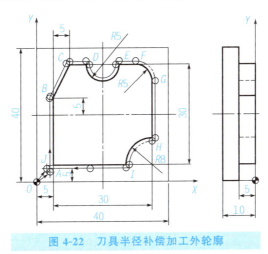

图 4-22 刀具半径补偿加工外轮廓

外轮廓采用刀具半径左补偿,刀具从坐标原点 O 开始,经过 A 点、B 点等,最后经过 J 点,回到 O 点。数控加工程序见表 4-15。

表 4-15 数控加工程序

程序内容	程序说明
%	开始符号
O0001;	程序名
N10 G90 G54 G17;	设置工件坐标系,采用绝对坐标编程,选择 XOY 加工平面
N20 G00 Z100.0 S800 M03;	刀具快速定位到 Z=100.0 的安全高度,主轴正转,转速为 800 m/min

续表

程序内容	程序说明
N30 X0 Y0;	刀具快速定位到 X=0、Y=0 处,安全高度不变
N40 Z5.0 M08;	刀具快速靠近工件表面,切削液开
N50 G01 Z-5.0 F100;	刀具以 100 mm/min 切削速度切入工件 5 mm 深
N60 G41 X5.0 Y3.0 D1;	刀具在移动到 A 点的过程中,加入刀具半径左补偿指令
N70 Y25.0;	刀具移动到 B 点
N80 X10.0 Y35.0;	刀具移动到 C 点
N90 X15.0;	刀具移动到 D 点
N100 G03 X25.0 R5.0;	刀具移动到 E 点
N110 G01 X30.0;	刀具移动到 F 点
N120 G02 X35.0 Y30.0 R5.0;	刀具移动到 G 点
N130 G01 Y13.0;	刀具移动到 H 点
N140 G03 X27.0 Y5.0 R8.0;	刀具移动到 I 点
N150 G01 X3.0;	刀具移动到 J 点
N160 G40 X0 Y0;	刀具移动到 O 点,并取消刀具半径补偿
N170 G00 Z100.0 M09;	刀具快速上升到安全高度,关闭切削液
N180 M05;	主轴停转
N190 M30;	程序结束,刀具返回机床参考点

以上是 FANUC 系统的刀具半径补偿指令的编程方法。SINUMERIK 系统的刀具半径补偿指令的编程方法与 FANUC 系统的相同。

♂ 6. 刀具长度补偿指令

1) FANUC 系统的刀具长度补偿指令

G43/G44/G49

(1)指令功能:数控铣床或加工中心所使用的每把刀具的长度都不相同,同时,刀具的磨损或其他原因也会引起刀具长度发生变化。刀具长度补偿是保证刀具更换及修磨后,不需要修改加工程序,只需要改变偏移量即可。刀具长度补偿使刀具在 Z 方向上的实际位移量比程序给定值增加或减少一个偏移量,从而使每一把刀具加工出来的深度尺寸都正确。

(2)指令格式。

建立刀补:

G43/G44 G00/G01 Z__ H__;

取消刀补:

G49 G00/G01(或 H00);

其中,G49 为取消刀具长度补偿指令;G43 为刀具长度补偿(正向补偿)指令;G44 为刀具长度补偿(反向补偿)指令;Z 为建立或取消刀补的终点坐标;H 为 G43/G44 的参数,即刀具长度补偿偏置号(H00~H99)。数控系统依据刀具长度补偿偏置号获得刀具长度补偿值。长度补偿值是编程时的刀具长度和实际使用的刀具长度之差。

(3)指令说明。

①G43、G44、G49 都是模态代码,可相互注销。

②G43(正向偏置)、G44(负向偏置)指令用于设定偏置的方向。数控系统根据输入的相应地址号 H 代码,从刀具表(偏置存储器)中选择对应的刀具长度偏置值。该功能补偿了刀具长度和实际使用的刀具长度之差而不用修改程序。偏置号可用 H00~H99 来指定,偏置值与偏置号对应,可通过 MDI 功能先设置在偏置存储器中。一般情况下,为防止出错,最好采用相同的刀具号与刀具偏置号。

③无论是绝对指令还是增量指令,程序中指定的 Z 轴移动指令的终点坐标值都要与偏移地址 H 中的偏移量进行计算。使用 G43 时,两者相加,其含义如图 4-23 所示。

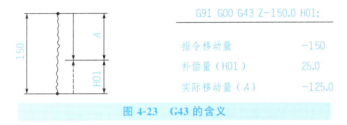

图 4-23 G43 的含义

使用 G44 时,两者相减,即从长度补偿轴运动指令的终点坐标值中减去 H 中的偏移量,最后将运算结果作为程序中的终点坐标值控制刀具加工,其含义如图 4-24 所示。

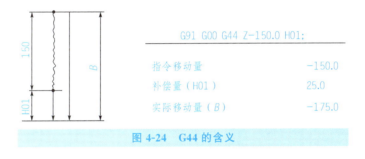

图 4-24 G44 的含义

(4)编程示例。

当 H01 偏置存储器存入补偿值为 −30 时,刀具长度补偿指令的编程示例见表 4-16。

表 4-16 刀具长度补偿指令的编程示例(H01 偏置存储器存入补偿值为 −30 时)

程序内容	程序说明
G00 G43 Z100 H01;	刀具快速定位到 Z=100 的安全高度,执行刀具长度正向补偿,Z 实际值= 100 + (−30)=70
G00 G44 Z100 H01;	刀具快速定位到 Z100 的安全高度,执行刀具长度反向补偿,Z 实际值= 100 − (−30)=130

当 H01 偏置存储器存入补偿值为 +30 时,刀具长度补偿指令的编程示例见表 4-17。

表 4-17　刀具长度补偿指令的编程示例（H01 偏置存储器存入补偿值为＋30 时）

程序内容	程序说明
G00 G43 Z100 H01;	刀具快速定位到 Z＝100 的安全高度，执行刀具长度正向补偿，Z 实际值=100＋30=130
G00 G44 Z100 H01;	刀具快速定位到 Z＝100 的安全高度，执行刀具长度反向补偿，Z 实际值=100-30=70

2）SINUMERIK840D 系统的刀具长度补偿指令

（1）指令格式。

建立刀补：

　　T__ D__ G00/G01 Z__ ;

取消刀补：

　　D0;

其中，T 表示建立刀具长度补偿，后面数字是刀具编号；D 为刀具长度补偿存储地址，数控系统依据刀具长度补偿存储地址获得刀具长度补偿值；Z 为建立刀补的终点坐标；D0 表示取消刀具长度补偿，即刀具长度补偿值为 0。

（2）指令说明。

在 SINUMERIK 840D 系统中，一把刀具可以用刀补存储地址 D 设定最多 30 个刀具长度补偿值。刀具调用后，刀具长度补偿立即生效；若程序中没有编程 D 号，则程序段中的 D 有效。

例如，G0 G17 D02 Z100 表示在 Z 方向执行结果为 100＋D02 的值。

刀具半径补偿格式见表 4-18。

表 4-18　刀具半径补偿格式

程序内容	程序说明
G90 G0 G17 G41 T1 D02 X_ Y_	建立 1 号刀具半径补偿（补偿值为 D02 中的值）
Z_	建立 1 号刀具长度补偿（补偿值仍为 D02 中的值）
……	……
G40 X_	取消刀具半径补偿
D0 Z_	取消刀具长度补偿

（3）编程示例。

刀具长度补偿指令编程示例见表 4-19。

表 4-19　刀具长度补偿指令编程示例

程序内容	程序说明
N200 G00 Z100 T2 D1	执行 T2 刀具长度补偿（D1 表示 1 号刀沿）
N220 S600 M03 F50	设定主轴转速、转向、走刀速度
……	……
N300 G00 Z0 D0	取消刀具长度补偿

7. 换刀指令 T

(1)指令功能：主要用于加工中心数控系统对各种刀具的自动换刀。
(2)指令格式。
建立换刀指令：

N20 M06 T__ ;

取消换刀指令：

N60 T0100;

换刀指令由地址和其后的四位数字表示。其中，前两位数字为选择的刀具号，后两位数字为选择的刀具偏置号。每一刀具加工结束后，必须取消其刀具偏置值。取消换刀指令中，前两位刀具号与建立换刀指令中的刀具号要一致，后两位刀具偏置号为"00"。

格式中的编程序号要根据建立换刀指令和取消换刀指令在程序中的具体位置和顺序而定。
(3)指令说明。
① 要求在绝对编程指令段中取消刀偏值。
② 换刀前，刀补和循环都必须取消，主轴停转，切削液关闭。
③ 换刀完毕后，要安排重新启动主轴的指令，否则加工将无法持续。
④ 有些数控系统可用 T 指令直接更换刀具(如铣床中常用的刀具转塔刀架)，而不用 M6 指令更换刀具；或用 T 指令预选刀具，另用 M6 指令进行刀具的更换。

例如：
• 不用 M6 指令更换刀具的换刀格式：

N10 T01;　　　　　换 1 号刀具
N70 T05;　　　　　换 5 号刀具。

• 用 T 指令预选刀具，用 M6 指令更换刀具的换刀格式：

N10 T14;　　　　　预选 14 号刀具
……
N15 M6;　　　　　执行更换刀具指令，换 14 号刀具。

⑤ 数控机床出厂时都有一个固定的换刀点，不在换刀位置，便不能换刀。换刀点的位置应根据所用机床的要求安排，有的机床要求必须将换刀位置安排在参考点处或至少应让 Z 轴方向自动返回参考点，这时就要使用 G28 指令。有的机床则允许用参数设定第二参考点作为换刀位置，这时就可在换程序前安排 G30 指令。无论如何，换刀点的位置应远离工件及夹具，应保证有足够的换刀空间。

(4)编程示例。
换 1 号刀指令的程序见表 4-20。

表 4-20　换 1 号刀指令的程序

程序内容	程序说明
N20 M06 T0101;	用 1 号刀加工，刀具偏置号为"01"(刀具偏置号也可为"02"，则 T 指令应为"T0102")
……	
N50 G00 X50 Z50 T0100;	取消"01"号刀偏

8. 孔加工固定循环指令

孔是金属装配零件上常见的结构之一,因此孔的加工成为数控铣床(加工中心)的主要加工内容之一。在编程过程中,孔的加工(如钻孔、攻螺纹、镗孔、深孔钻削等)常常使用孔加工固定循环指令,以简化加工程序和提高编程的效率。

1) FANUC 系统孔加工固定循环指令

(1) 孔加工固定循环的动作。

在数控铣床(加工中心)上进行孔加工时,刀具的运动位置可以分为四个平面:初始平面、R 点平面、工件平面和孔底平面,如图 4-25 所示。

刀具的运动可以分为六个动作:

动作 1——快速定位至初始点,X、Y 表示初始点在初始平面中的位置。

动作 2——快速定位至 R 点,刀具自初始点快速进给到 R 点。

动作 3—— 孔加工,以切削进给的方式执行孔加工的动作。

动作 4——在孔底的相应动作,包括暂停、主轴准停、刀具移位等动作。

动作 5——返回 R 点,继续孔加工时刀具返回 R 点平面。

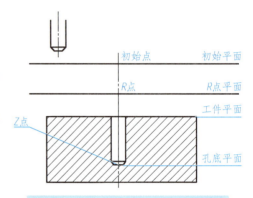

图 4-25 孔加工固定循环中的平面(1)

动作 6——快速返回初始点,孔加工完成后返回初始点平面。

为了保证孔底的加工质量,有些孔加工固定循环指令需要刀具在孔底做主轴准停、刀具移位等动作。

①初始平面。初始平面是为安全操作而设定的定位刀具的平面。初始平面到零件表面的距离可以任意设定。若使用同一把刀具加工若干个孔,当孔间存在障碍需要跳跃或全部孔加工完成时,用 G98 指令使刀具返回初始平面;否则,在中间加工过程中可用 G99 指令使刀具返回 R 点平面,这样可缩短加工辅助时间。

②R 点平面。R 点平面又叫安全平面,是刀具从快进转换为工进的转折位置。R 点平面距工件表面的距离主要考虑工件表面形状的变化,一般可取 2~5mm。

③孔底平面。Z 点表示孔底平面的位置。加工通孔时,刀具伸出工件孔底平面一段距离,保证通孔全部加工到位;加工盲孔时,应考虑钻头钻尖对孔深的影响。

(2) 选择加工平面及孔加工轴线。

在立式数控铣床(加工中心)上进行孔加工时,只能在 XOY 平面内以 Z 轴作为孔加工轴线,与平面选择指令无关。

(3) 孔加工固定循环指令 G73~G89。

下面主要讨论立式数控铣床(加工中心)孔加工固定循环指令。

①指令格式:

G90/ G91 G99/ G98 G73~G89 X＿ Y＿ Z＿ R＿ Q＿ P＿ F＿ L＿ ;

②指令说明。

a. 在 G90 或 G91 指令中，X、Y、Z 坐标值的定义不同。

b. G98、G99 为返回点平面选择指令，其中，G98 指令表示刀具返回到初始点平面；G99 指令表示刀具返回 R 点平面。

c. X__ Y__ 指定加工孔的位置（与 G90 或 G91 指令的选择有关）。

Z__ 指定孔底平面的位置（与 G90 或 G91 指令的选择有关）。

R__ 指定 R 点平面的位置（与 G90 或 G91 指令的选择有关）。

Q__ 在 G73 或 G83 指令中定义每次进刀加工深度，而在 G76 或 G87 指令中定义位移量。Q 值为增量值，与 G90 或 G91 指令的选择无关。

P__ 指定刀具在孔底的暂停时间，用整数表示，单位为 ms。

F__ 指定孔加工切削进给速度。该指令为模态指令，即使取消了固定循环，在其后的加工程序中仍然有效。

L__ 指定孔加工的重复加工次数，执行一次 L1 可以省略。若程序中选择 G90 指令，则刀具在原来孔的位置上重复加工；若选择 G91 指令，则用一个程序段对分布在一条直线上的若干个等距孔进行加工。L 指令仅在被指定的程序段中有效。

如图 4-26（a）所示，选用绝对坐标方式 G90 指令，Z 表示孔底平面相对坐标原点的距离，R 表示 R 点平面相对坐标原点的距离。如图 4-26（b）所示，选用相对坐标方式 G91 指令，R 表示初始点平面至 R 点平面的距离，Z 表示 R 点平面至孔底平面的距离。孔加工方式指令及指令中的 Z、R、Q、P 等指令都是模态指令。

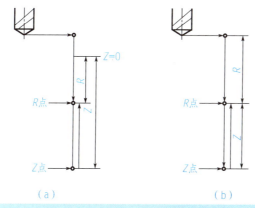

图 4-26　G90 与 G91 的坐标计算
(a)选用 G90 指令编程；(b)选用 G91 指令编程

2）SINUMERIK 系统孔加工固定循环指令

(1)孔加工固定循环的动作。

SINUMERIKS 系统孔加工固定循环的动作和 FANUC 系统的孔加工固定循环的动作基本相同，不同之处是在对 SINUMERIKS 系统的孔加工固定循环进行编程时，由于程序中没有参数来指定孔的中心位置，因此，在固定循环开始前刀具需要移动到所要加工孔的中心位置，否则刀具将在当前执行孔加工固定循环。而 FANUC 系统在执行孔加工固定循环时，刀具无须移动到孔中心位置，孔中心位置的坐标直接在固定循环指令中指定。

(2) 固定循环的调用。

①非模态调用。孔加工固定循环的非模态调用格式如下：

CYCLE81~ CYCLE89(RTP, RFP, SDIS, DP, DPR…)

例如：

N10 G00 X30 Y40

N20 CYCLE81(RTP, RFP, SDIS, DP, DPR…)

采用这种格式时，该循环指令为非模态指令，只有在指定的程序段内才能执行循环动作。

②模态调用。孔加工固定循环的模态调用格式如下：

MCALL CYCLE81～CYCLE89(RTP, RFP, SDIS, DP, DPR…)

MCALL(取消模态调用)

例如：

N10 MCALL CYCLE81(RTP, RFP, SDIS, DP, DPR…)

N20 G00 X30 Y40

N30 X0 Y0

N40 MCALL

采用这种格式后，只要不取消模态调用，则刀具每执行一次移动量，将执行一次固定循环调用。

上例中的 N30 程序段，表示刀具移动到(0，0)位置后再执行一次固定循环，直至 N40 程序段取消指令出现。具体编程实例请看 4.1.2 节中的"SINUMERIK 系统数控加工参考程序"。

(3) 固定循环的平面。

①返回平面(RTP)。返回平面是为了安全下刀而规定的一个平面。返回平面可以设定在任意一个安全高度上，当使用一把刀具加工多个孔时，刀具在返回平面内任意移动将不会与夹具、工件凸台等发生干涉，如图 4-27 所示。

②加工初始平面(RFP＋SDIS)。加工初始平面等于 RFP 平面的高度加上 SDIS。加工初始平面类似于 FANUC 系统中的 R 参考平面，在刀具下刀时，转换为工进的高度平面。该平面到工件表面的距离(安全间隙)主要由工件表面的尺寸变化决定，一般情况下取 2～5mm，如图 4-27 所示。

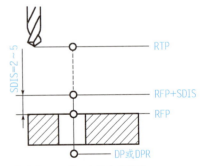

图 4-27 孔加工固定循环中的平面(2)

③参考平面(RFP)。参考平面是指 Z 轴方向工件表面的起始测量位置平面，该平面一般设在工件的上表面。参考平面等于加工初始平面减安全间隙。

④孔底平面(DP 或 DPR)。加工不通孔时，孔底平面就是孔底的 Z 轴高度。而加工通孔时，除要考虑孔底平面的位置外，还要考虑刀具的超越量，以保证整个孔都加工到规定尺寸。

9. 常用孔加工固定循环指令格式及示例

在 FANUC 孔加工固定循环指令中，经常使用固定循环指令 G73、G74、G76、G81、

G83、G84、G85 加工各种孔。通常固定循环指令 G81 用来定位孔；固定循环指令 G73 和 G83 用来钻孔(固定循环指令 G83 在加工过程中既能满足断屑的要求，也能满足排屑的要求，因此常用来加工深孔和精密孔等)；G85 用来铰孔；G76 用来镗孔；G74 用来加工左旋螺纹；G84 用来加工右旋螺纹。

1) FANUC 系统高速深孔钻固定循环指令 G73

(1) 指令功能：G73 深孔钻固定循环指令命令刀具执行高速、往复排屑的深孔钻循环运动。加工过程中，刀具一边加工一边从孔中排除切屑，进行间歇切削进给直至孔底部。

(2) 指令格式：

G73 X__ Y__ Z__ R__ Q__ F__ K__ ；

其中，X、Y 为指定加工孔的位置；Z 为从 R 点到孔底的距离；R 为安全高度，一般取距工件表面 2~5mm；Q 为每次切削进给的切削深度(Q 为正值，用增量值表示)；F 为切削进给速度；K 为重复次数(在特殊情况下使用)。

(3) 指令说明。

① 在 G90 或 G91 指令中，Z 坐标值有不同的定义；

② G98、G99 为返回点平面选择指令，其中，G98 指令表示刀具返回初始平面，G99 指令表示刀具返回 R 点平面，如图 4-28 所示。若工件上只有一个孔需要加工，则一般使用 G98 编程，使刀具直接返回初始平面；若工件上有多个孔需要加工，则可使用 G99 编程，使刀具每次钻孔后返回 R 点平面，缩短加工工件的辅助时间，最后一次则使用 G98 返回初始平面。图 4-28 中的虚线表示快速移动，实线表示切削进给。

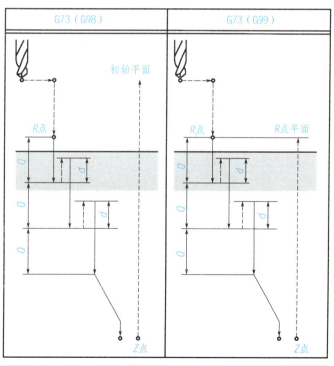

图 4-28 G73 固定循环的动作

③如图 4-28 所示，执行 G73 指令时，刀具先快速定位到 X、Y 指定的坐标位置，再快速定位到 R 点，接着以 F 指定的进给速度沿 Z 轴方向向下钻 Q 所指定的深度（Q 为正值，用增量值表示），再快速退回 d 距离（由参数设定），下次工进的距离为（Q+d），依次一直钻孔到 Z 指定的孔底位置为止。这种间隙进给的加工方式使得刀具在钻削深孔时，既解决了深孔排屑问题，也解决了深孔内温度过高的问题，使切屑不致过长，容易从孔中排除，同时切削液易进入孔中而使工件和切屑温度不至于过高，且润滑效果好。

④当在固定循环中指定刀具长度偏置（G43、G44 或 G49）时，刀具在定位到 R 点的同时加偏置。

（4）编程示例。

利用钻头加工如图 4-29 所示的工件。

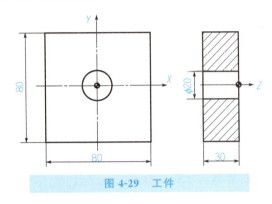

图 4-29 工件

钻 φ20mm 孔的 G73 程序见表 4-21。

表 4-21 钻 φ20mm 孔的 G73 程序

程序内容	程序说明
O0001;	设定程序名
N10 G80 G17 G90 G54;	取消固定循环，采用绝对坐标方式编程，设定工件坐标系 G54，选择在 XOY 平面加工
N20 M03 S800;	主轴正转
N30 G00 X0 Y0 M08;	钻头快速移到 X=0、Y=0 坐标位置，切削液打开
N40 G43 H1 Z50;	设定刀长补，正向补偿，刀具快速移到 Z50 的位置
N50 G98 G73 Z-35 R3 Q5 F60;	执行高速深孔钻循环指令 G73，采用 G98 格式，离工件表面 3 mm 处开始进给，每次切削进给 5 mm 直至钻到 Z-35 mm 为止
N60 G80 G00 Z50;	取消固定循环，刀具快速返回 Z=50 的位置
N70 G49;	取消刀长补
N80 M05 M09;	主轴停转，切削液关闭
N90 M30;	程序结束

2)精镗固定循环指令

(1)FANUC 系统精镗固定循环指令 G76。

①指令功能：精镗固定循环指令 G76 命令刀具执行镗削精密孔循环加工。

②指令格式：

G76 X__ Y__ Z__ R__ P__ F__ K__ ;

其中，X、Y 为指定加工孔的位置；Z 为从 R 点到孔底的距离；R 为安全高度，一般取距工件表面 2～5mm；Q 为孔底的偏移量；P 为暂停时间(单位：ms)；F 为切削进给速度；K 为重复次数(在特殊情况下使用)。

③指令说明。

a. 执行精镗固定循环指令 G76 时，刀具以切削进给方式加工到孔底，主轴停止在固定的旋转位置，执行主轴准停功能 P。刀具向刀尖反方向移动 Q 值(图 4-30(b)中按箭头方向向右偏移)，使刀具脱离工件表面，这样能保证刀具不损伤工件表面，然后快速退刀至 R 点平面或初始平面，实现高精度镗孔加工，如图 4-30 所示。

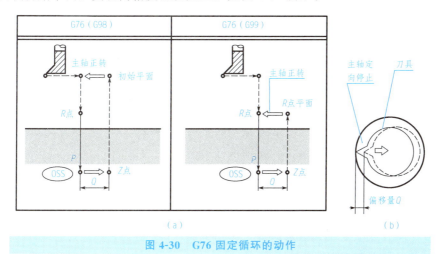

图 4-30 G76 固定循环的动作

b. Q 在 G76 中用做孔底的偏移量，是在固定循环内保存的模态值，而在 G73 和 G83 中用做切削深度，因此使用时一定要慎重，并且在程序的开头一定要使用取消其他固定循环的指令 G80。

c. 当在固定循环中指定刀具长度偏置(G43、G44 或 G49)时，刀具在定位到 R 点的同时加偏置。

④编程示例。

G76 精镗固定循环程序见表 4-22。

表 4-22 G76 精镗固定循环程序

程序内容	程序说明
O0001;	设定程序名
N10 G80 G17 G90 G54;	取消固定循环，采用绝对坐标方式编程，设定工件坐系 G54，选择在 XOY 平面加工
N20 M03 S2000;	主轴正转

续表

程序内容	程序说明
N30 G00 X0 Y0 M08;	钻头快速移到 X0、Y0 坐标位置，切削液打开
N40 G43 H1 Z50;	设定刀长补，正向补偿，刀具快速移到 Z50 的位置
N50 G98 G76 Z-25 R3 Q2 F80;	执行精镗固定循环指令 G76，离工件表面 3 mm 处开始进给加工到孔底，主轴停转 2 s，刀具向刀尖反方向移动 2 mm，镗孔深度为 Z-25 mm
N60 G80 G00 Z50;	取消固定循环，刀具快速返回 Z50 的位置
N70 G49;	取消刀长补
N80 M05 M09;	主轴停转，切削液关闭
N90 M30;	程序结束

(2) SINUMERIK 系统精镗孔循环指令 CYCLE86。

① 指令格式：

CYCLE86(RTP, RFP, SDIS, DP, DPR, DTB, SDIR, RPA, RPO, RPAP, POSS)

其中，参数 RTP、RFP、SDIS、DP、DPR、DTB 的功能与 CYCLE82 相同；SDIR 为主轴旋转方向，取值 3(＝M3)或 4(＝M4)；RPA 为在所选平面内的横向退刀(相对值，带符号)；RPO 为在所选平面内的纵向退刀(相对值，带符号)；RPAP 为在所选平面内的进给方向退刀(相对值，带符号)；POSS 为循环停止时的主轴位置(用度数表示)。

② 指令说明。

如图 4-31 所示，当执行 CYCLE86 指令时，刀具以切削进给方式加工到孔底，实现主轴准停；刀具在加工平面第一轴方向移动 RPA，在第二轴方向移动 RPO，在镗孔轴方向移动 RPAP，使刀具脱离工作表面，保证刀具退出时不擦伤表面；主轴快速退回加工初始平面；主轴快速退回加工初始平面的循环起点；主轴恢复 SDIR 旋转方向。

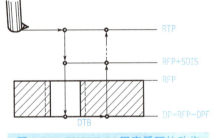

图 4-31 CYCLE 86 固定循环的动作

CYCLE86 指令主要用于精密镗孔加工。

3) FANUC 系统取消固定循环指令 G80

(1) 指令功能：G80 指令命令数控系统取消固定循环，数控机床回到执行正常操作状态。

(2) 指令格式：

G80;

(3) 指令说明。

① 执行取消固定循环指令 G80 后，孔的加工数据(包括 R 点、Z 点等)全部被取消，但移动速率命令依然有效。

② 要取消固定循环方式，用户除了发出 G80 指令外，还能够用 G 代码(G00、G01、G02、G03 等)中的任意一个指令。

4) 钻孔固定循环指令

(1) FANUC 系统钻孔固定循环指令 G81。

① 指令功能：钻孔固定循环指令 G81 命令刀具执行钻孔固定循环运动和中心孔钻削固

定循环运动。刀具切削进给到孔底，再从孔底快速退回。

②指令格式：

G81 X__ Y__ Z__ R__ F__ K__ ；

其中，X、Y 为指定加工孔的位置；Z 为从 R 点到孔底的距离；R 为安全高度，一般取距工件表面 2～5mm；F 为切削进给速度；K 为重复次数(在特殊情况下使用)。

③指令说明。

a. G81 用于中等精度孔的加工。刀具在沿着 X 轴和 Y 轴定位以后，快速移动到 R 点，从 R 点到 Z 点执行钻孔加工运动，然后从孔底快速移动退回，如图 4-32 所示。

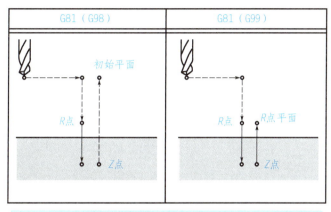

图 4-32　G81 固定循环的动作

b. 在指定 G81 指令之前，使用辅助功能(M 代码)使主轴旋转。

c. 如图 4-32 所示，若工件上只有一个孔需要加工，则一般使用 G98 编程；若工件上有多个孔需要加工，则可使用 G99 编程，最后一次则使用 G98 返回初始平面。图 4-32 中的虚线表示快速移动，实线表示切削进给。

d. 当在固定循环中指定刀具长度偏置(G43、G44 或 G49)时，刀具在定位到 R 点的同时加偏置。

④编程示例。

G81 钻孔固定循环程序见表 4-23。

表 4-23　G81 钻孔固定循环程序

程序内容	程序说明
O0001；	设定程序名
N10 G80 G17 G90 G54；	取消固定循环，采用绝对坐标方式编程，设定工件坐标系 G54，选择在 XOY 平面加工
N20 M03 S1200；	主轴正转
N30 G00 X0 Y0 M08；	钻头快速移到 X0、Y0 坐标位置，切削液打开
N40 G43 H1 Z50；	设定刀长补，正向补偿，刀具快速移到 Z50 的位置
N50 G98 G81 Z-35 R3 Q2 P2000 F50；	执行钻孔固定循环指令 G81，离工件表面 3mm 处开始进给加工到孔底，钻孔深度为 Z-35 mm

续表

程序内容	程序说明
N60 G80 G00 Z50;	取消固定循环,刀具快速返回 Z50 的位置
N70 G49;	取消刀长补
N80 M05 M09;	主轴停转,切削液关闭
N90 M30;	程序结束

（2）SINUMERIK 系统精镗孔固定循环指令 CYCLE81。

①指令功能：CYCLE81 的功能与钻孔固定循环指令 G81 的功能类似。

②指令格式：

CYCLE81(RTP, RFP, SDIS, DP, DPR)

其中，RTP 为返回平面（绝对值）；RFP 为参考平面（绝对值）；SDIS 为安全距离（无符号数），其值为参考平面到加工初始平面的距离；DP 为钻削深度（绝对值）；DPR 为相对参考平面的钻削深度（无符号数），程序中参数 DP 与 DPR 只指定一个即可，若两个参数同时指定，则以参数 DP 为准。

例如：

CYCLE81(10, 0, 3, -30)

③指令说明。

如图 4-33 所示，执行 CYCLE81 钻孔循环时，刀具从加工平面切削进给至孔底，再从孔底快速退回 RTP 平面。实线表示工进，虚线表示快进。

5）高速深孔往复排屑钻固定循环指令

（1）FUNAC 系统高速深孔往复排屑钻固定循环指令 G83。

①指令功能：深孔钻固定循环指令 G83 命令刀具执行高速、往复排屑的深孔钻循环运动。加工过程中，刀具一边加工一边从孔中排除切屑、断屑，进行间歇切削进给直至孔底部。

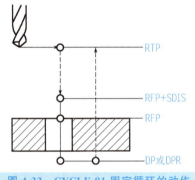

图 4-33　CYCLE 81 固定循环的动作

②指令格式：

G83 X__ Y__ Z__ R__ Q__ F__ K__ ;

其中，X、Y 为指定加工孔的位置；Z 为从 R 点到孔底的距离；R 为安全高度，一般取距工件表面 2～5mm；Q 为每次切削进给的切削深度（Q 为正值，用增量值表示）；F 为切削进给速度；K 为重复次数（在特殊情况下使用）。

③指令说明。

a. G83 指令通过 Z 轴方向的间歇进给来实现断屑和排屑目的。执行 G83 指令时，刀具先快速定位到 X、Y 指定的坐标位置，再快速定位 R 点，接着以 F 指定的进给速度沿 Z 轴方向向下钻 Q 所指定的深度，再快速退回 R 点平面，下次工进之前先快速移动到距上次切削孔底平面相差 d 之处，然后向下工进（Q+d）距离，依次一直钻孔到 Z 指定的孔底位置为止。每次工进和回退的距离不同，如图 4-34 所示。

b. G83 与 G73 不同的是，刀具每次间歇进给后快速退回的距离不同。G73 每次退回

d 距离,而 G83 每次退回 R 点平面,因此 G83 每次要完成$(Q+d)$工进距离,就必须先向下快速移动一段距离。G83 和 G73 每次工进的距离相同,均为$(Q+d)$,如图 4-34 所示。

c. G83 这种间隙进给的加工方式使得刀具在钻削深孔时,既解决了深孔排屑问题,也解决了深孔内温度过高的问题,使切屑不致过长,容易从孔中排除,并断屑。切削液易进入孔中,且润滑效果好,故 G83 常用于加工精密孔及不易断屑的金属。

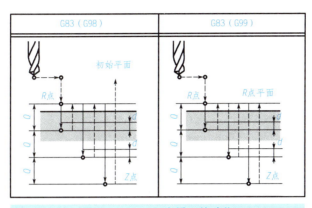

图 4-34　G83 固定循环的动作

d. Q 为每次切削进给的切削深度,必须用增量值指定。Q 必须为正值,负值无效。

e. 在指定 G83 指令之前,使用辅助功能(M 代码)使主轴旋转。

f. 图 4-34 中的虚线表示快速移动,实线表示切削进给。

④编程示例。

G83 深孔钻固定循环程序见表 4-24。

表 4-24　G83 深孔钻固定循环程序

程序内容	程序说明
O0001;	设定程序名
N10 G80 G17 G90 G54;	取消固定循环,采用绝对坐标方式编程,设立工件坐标系 G54,选择在 XOY 平面加工
N20 M03 S800;	主轴正转
N30 G00 X0 Y0 M08;	钻头快速移到 X0、Y0 坐标位置,切削液打开
N40 G43 H1 Z50;	设定刀长补,正向补偿,刀具快速移到 Z50 的位置
N50 G98 G83 Z-30 R3 Q2 F60;	执行钻孔固定循环指令 G83,离工件表面 3 mm 处开始进给加工到孔底,每次切削进给的切削深度为 2 mm,钻孔深度为 Z-30 mm
N60 G80 G00 Z50;	取消固定循环,刀具快速返回 Z50 的位置
N70 G49;	取消刀长补
N80 M05 M09;	主轴停转,切削液关闭
N90 M30;	程序结束

(2) SINUMERIK 系统高速深孔往复排屑钻固定循环指令 CYCLE83。

①指令功能：CYCLE83 的功能与深孔钻固定循环指令 G83 的功能类似。

②指令格式：

CYCLE83(RTP, RFP, SDIS, DP, DPR, FDEP, FDPR, DAM, DTB, DTS, FRF, VARI)

其中，参数 RTP、RFP、SDIS、DP、DPR、DTB 的含义与 CYCLE82 相同；FDEP 为第一次钻削深度(绝对值)；FDPR 为相对于参考平面的第一次钻削深度(无符号数)；DAM 为其余每次钻削深度(无符号数)；DTB 为孔底暂停时间(断屑)；DTS 为在起始点和排屑点停留时间；FRF 为第一次钻削深度的进给速度系数(无符号数)，取值范围为 0.001～1；VARI 为加工方式：1—排屑，0—断屑。

例如：

CYCLE83(30, 0, 3, -30, -5, 5, 2, 1, 1, 1, 0)

③指令说明。

如图 4-35 所示，该循环指令通过 Z 轴方向的间歇进给来实现断屑与排屑的目的。刀具从加工初始平面 Z 向进给 FDPR 后暂停断屑，然后快速退回加工初始平面。暂停排屑后再次快速进给到 Z 向距上次切削孔底平面 DAM 处，从该点处，快速变成工进工进距离为 FDPR＋DAM。如此循环，直到加工要求的孔深，刀具退回加工初始平面完成孔的加工。

图 4-35　CYCLE83 固定循环的动作

此类孔加工方式多用于深孔加工。

6) 攻右螺纹固定循环指令

(1) FANUC 系统攻右旋螺纹固定循环指令 G84。

①指令功能：攻右旋螺纹固定循环指令 G84 命令刀具执行右旋攻螺纹循环运动，完成工件右旋螺纹孔的循环加工。

②指令格式：

G84 X__ Y__ Z__ R__ P__ F__ K__ ;

其中，X、Y 为指定加工孔的位置；Z 为从 R 点到孔底的距离；R 为安全高度，一般取距工件表面 2～5mm；P 为暂停时间(单位：ms)；F 为切削进给速度；K 为重复次数(在特殊情况下使用)。

③指令说明。

a. 执行攻右旋螺纹固定循环指令 G84 可进行工件的右旋螺纹加工，主轴进给时正转，在孔底时反转。具体动作如下：执行 G84 指令之前，先让主轴正转，然后执行 G84 指令；在 XOY 平面快速定位后快速移动到 R 点，开始以进给速度攻螺纹；刀具到达孔底后暂停 P 时间，然后主轴变为反转以进给速度退回 R 点平面，暂停 P 时间，主轴恢复正转，完成攻螺纹任务，如图 4-36 所示。

b. G84 与 G74 指令不同的是：执行 G84 指令之前，先让主轴正转，然后执行 G84 指令，而执行 G74 之前，先让主轴反转，然后执行 G74 指令；G84 命令刀具到达孔底后暂停 P 时间，然后主轴变为反转以进给速度退回到 R 点平面，而 G74 命令刀具到达孔底后

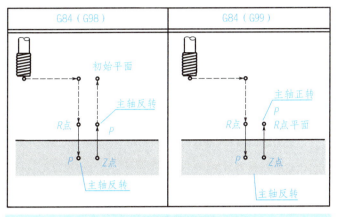

图 4-36 G84 固定循环的动作

暂停 P 时间，然后主轴变为正转以进给速度退回到 R 点平面。

c. 在攻螺纹过程中，忽略进给倍率，在完成返回动作之前，进给暂停不会使机床停止运动。

d. 攻螺纹时，进给量 F 要根据主轴转速和螺距确定，不能随意设定。

$$进给量＝主轴转速×螺距$$

e. 图 4-36 中的虚线表示快速移动，实线表示切削进给；

④编程示例。

攻右旋螺纹孔的 G84 程序见表 4-25。

表 4-25 攻右旋螺纹孔的 G84 程序

程序内容	程序说明
O0001;	设定程序名
N10 G80 G17 G90 G54;	取消固定循环，采用绝对坐标方式编程，设定工件坐标系 G54，选择在 XOY 平面加工
N20 M03 S1500;	主轴正转
N30 G00 X0 Y0 M08;	钻头快速移到 X0、Y0 坐标位置，切削液打开
N40 G43 H1 Z50;	设定刀长补，正向补偿，刀具快速移到 Z50 的位置
N50 G98 G84 Z-35 R3 P2000 F100;	执行攻右旋螺纹孔固定循环指令 G84，离工件表面 3 mm 处开始进给，钻孔深度为 Z-35 mm，孔底暂停时间为 2s，返回初始位置平面（进给量 F＝主轴转速 S×螺距）
N60 G80 G00 Z50;	取消固定循环，刀具快速返回 Z50 的位置
N70 G49;	取消刀长补
N80 M05 M09;	主轴停转，切削液关闭
N90 M30;	程序结束

(2) SINUMERIK 系统攻螺纹指令。

①刚性攻螺纹 CYCLE84。

a. 指令功能：CYCLE84 的功能与 FANUC 系统攻右旋螺纹固定循环指令 G84 的功能

类似。

b. 指令格式：

CYCLE84(RTP, RFP, SDIS, DP, DPR, DTB, SDAC, MPIT, PIT, POSS, SST, SST1)

其中，参数 RTP、RFP、SDIS、DP、DPR、DTB 的含义与 CYCLE82 相同；SDAC 为循环结束后的旋转方向，取值 3、4 或 5；MPIT 是用螺纹规格表示螺距，取值范围为 3(M3)～48(M48)；PIT 是用螺纹尺寸表示螺距，取值范围为 0.001～2000.00mm；POSS 为攻螺纹循环中主轴的初始位置(用角度表示)；SST 为攻螺纹速度(主轴转速)；SST1 为退刀速度(主轴转速)。

c. 指令说明。

执行该指令时，根据螺纹的旋向选择主轴的旋转方向；刀具以 G00 方式快速移动到加工初始平面；执行攻螺纹到达孔底，攻螺纹速度由参数 SST 指定；主轴以攻螺纹的相反旋转方向退回加工初始平面，退回速度由参数 SST 指定；再以 G00 方式退回加工初始平面，完成攻螺纹动作，主轴旋转方向回到 SDAC 状态，如图 4-37 所示。

② 浮动攻螺纹 CYCLE840。

a. 指令格式：

CYCLE840(RTP, RFP, SDIS, DP, DPR, DTB, SDR, SDAC, ENC, MPIT, PIT)

其中，参数 RTP、RFP、SDIS、DP、DPR、DTB 的含义与 CYCLE82 相同；SDR 为退刀时的主轴旋转方向，取值：0 为自动反向，3 为 M3，4 为 M4；SDAC 为循环结束后的旋转方向，取值：3、4 或 5；ENC 是指是否带编码器攻螺纹，取值 0 或 1，0 为带编码器攻螺纹，1 为不带编码器攻螺纹；MPIT 是用螺纹规格表示螺距，取值范围为 3(M3)～48(M48)；PIT 是用螺纹尺寸表示螺距，取值范围为 0.001～2000.00mm。

b. 指令说明。

CYCLE840 的动作与 CYCLE84 的动作基本类似，只是 CYCLE840 在刀到达最后钻孔深度后退回时的主轴旋转方向由 SDR 决定。

c. 编程示例。

加工如图 4-38 所示的孔板零件。

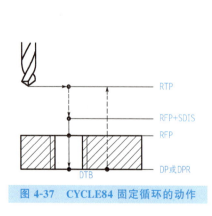

图 4-37 CYCLE84 固定循环的动作

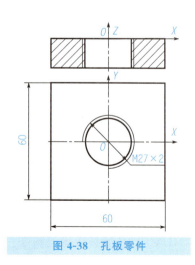

图 4-38 孔板零件

攻螺纹孔的 CYCLE84 程序见表 4-26。

表 4-26 攻螺纹孔的 CYCLE84 程序

程序内容	程序说明
N560 T5	准备换 5 号刀
N570 M6	换刀
N580 G00 X0 Y0	快速定位
N590 G00 Z100 T4 D1	执行 T4 刀具长度补偿(D1 表示 1 号刀沿)
N610 M07	切削液开
N620 S1500 M03 F200	设定主轴转速、转向、走刀速度
N630 G00 Z2	快速定位
N640 CYCLE84(50, 0, 5, -17, 17, 27, 4, 3, 30, 0, 100, 1000)	攻螺纹循环
N660 M09 M05	切削液关，主轴停
N670 G53 G00 Z0 D0	D0 取消刀具长度补偿，并快速返回机械零点
N680 M30	程序结束

7) 镗孔固定循环指令

(1) FUNAC 系统镗孔固定循环指令 G85。

① 指令功能：镗孔固定循环指令 G85 命令刀具执行镗削精密孔循环运动、铰孔循环运动或扩孔循环运动。

② 指令格式：

G85 X＿ Y＿ Z＿ R＿ F＿ K＿ ；

其中，X、Y 为指定加工孔的位置；Z 为从 R 点到孔底的距离；R 为安全高度，一般取距工件表面 2～5mm；F 为切削进给速度；K 为重复次数（在特殊情况下使用）。

③ 指令说明。

a. 执行镗孔固定循环指令 G85 时，刀具以切削进给方式加工到孔底，然后以切削进给方式退回 R 平面，此时 G99 结束一个循环加工，G98 则命令刀具再快速退回初始平面，结束循环加工，如图 4-39 所示。

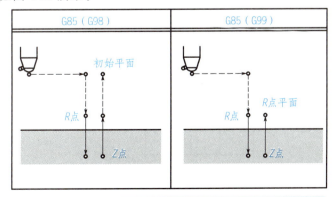

图 4-39 G85 固定循环的动作

b. 图 4-39 中的虚线表示快速移动，实线表示切削进给。

c. G85 指令除了用于较精密的镗孔加工外，还可用于铰孔和扩孔加工。

④编程示例。

G85 镗孔固定循环程序见表 4-27。

表 4-27 G85 镗孔固定循环程序

程序内容	程序说明
O0001;	设定程序名
N10 G80 G17 G90 G54;	取消固定循环，选择在 XOY 平面加工，采用绝对坐标方式编程，设定工件坐标系 G54
N20 M03 S100;	主轴正转
N30 G00 X0 Y0 M08;	钻头快速移到 X0、Y0 坐标位置，切削液打开
N40 G43 H1 Z50;	设定刀长补，正向补偿，刀具快速移到 Z50 的位置
N50 G98 G85 Z-35 R3 F80;	执行镗孔固定循环指令 G85，离工件表面 3 mm 处开始进给加工到孔底，镗孔深度为 Z-35 mm
N60 G80 G00 Z50;	取消固定循环，刀具快速返回 Z50 的位置
N70 G49;	取消刀长补
N80 M05 M09;	主轴停转，切削液关闭
N90 M30;	程序结束

(2)SINUMERIK 系统镗孔固定循环指令 CYCLE85。

①指令功能：CYCLE85 的功能与镗孔固定循环指令 G85 的功能类似。该指令除了用于精密的镗孔加工外，还可用于铰孔、扩孔的加工。

②指令格式：

CYCLE85(RTP, RFP, SDIS, DP, DPR, DTB, FFR, RFF)

其中，参数 RTP、RFP、SDIS、DP、DPR、DTB 的含义与 CYCLE82 相同；FFR 为进给速度；RFF 为退刀速度。

③指令说明。

如图 4-40 所示，当执行 CYCLE85 指令时，刀具以切削进给方式加工到孔底，然后以切削进给方式返回加工初始平面，再以快速进给方式，直到返回加工初始平面。

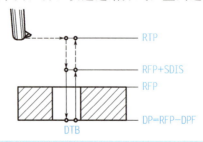

图 4-40 CYCLE85 镗孔固定循环的动作

④编程示例。

CYCLE85 镗孔固定循环程序见表 4-28。

表 4-28 CYCLE85 镗孔固定循环程序

程序内容	程序说明
N230 M3 S100 F80	主轴正转，转数 100 r/min，进给速度 80 mm/min
N240 G54 G17 G90 G71 G94	设立工件坐标系，在 XOY 平面内加工，绝对坐标方式编程，公制单位，每分钟进给
N250 G00 X0Y0 Z100	刀具快速移动到下刀点
N260 M7	切削液打开
N270 G00 X0 Y0	刀具移动到钻孔位置
N280 CYCLE85(30, 0, 5, -20, 20, 2, 80, 100)	调用铰孔循环指令钻孔，不设置编程停顿时间，铰削速度为 80 mm/min，退刀速度为 100 mm/min
N290 G0 Z100	Z 向退刀到安全高度
N300 M5	主轴停转
N310 M9	切削液关闭
N320 G53 G00 Z0 D0	取消刀具长度补偿，并快速返回机械坐标系的零点
N330 G74 X1= 0 Y1= 0 Z1= 0	返回参考点(换刀点)
N340 M30	程序结束

CYCLE89 的动作与 CYCLE85 的基本相似，不同的是 CYCLE89 动作在孔底增加了暂停，因此该指令常用于阶梯孔的加工。

10. 镜像指令

1)FANUC 系统镜像指令 G51.1/G50.1

(1)指令功能：当工件相对于某一轴有对称形状时，只对工件的一部分进行编程，再利用镜像功能和子程序，就能对另一对称部分自动加工。

(2)指令格式：
G51.1 X__ Y__ Z__ ;
M98 P__ ;
G50.1 X__ Y__ Z__ ;

其中，X、Y、Z 指镜像位置；Z 为从 R 点到孔底的距离；G51.1 是建立镜像指令；G50.1 是取消镜像指令；M98 是调用子程序指令；P 为子程序地址码。

(3)指令说明。

① 当采用绝对坐标编程方式时，G51.1 X5 是指以 $X=5$ 的直线为对称轴。

②G51.1 X5 Y10 是指以 $X=5$ 的直线为对称轴，再以 $Y=10$ 的直线为对称轴，即以点(5, 10)为对称中心的原点对称图形。

③G51.1、G50.1 为模态指令，可相互注销，G50.1 为缺省值。

④有刀补时，先镜像，后进行刀具长度补偿、刀具半径补偿。

⑤当某一轴的镜像有效时，该轴执行与编程方向相反的运动。

⑥镜像加工使顺逆铣发生了变化。为了使经过镜像加工后的工件表面得到与本体一样的表面粗糙度，就必须在使用镜像加工前将原程序的铣削状态改为反向。一般的做法是在

原程序中使用顺铣，要镜像加工反向刀具，就将原程序改为逆铣，经过镜像后反向刀具也将会是顺铣了。

⑦使用镜像指令后必须用 M25 进行取消，以免影响后面的程序。在 G90 模式下，镜像或取消指令都要回到工件坐标系原点才能使用，否则，数控系统无法计算后面的运动轨迹，会出现乱走刀现象。这时必须实行手动原点复归操作予以解决。主轴转向不随着镜像指令变化。

⑧部分系统使用 G51.1/G50.1 或 M21、M22、M23 作为镜像指令。

（4）编程示例。

工件的结构和尺寸如图 4-41 所示。工件切削深度为 5mm。预先在 MDI 功能中"刀具表"设置 01 号刀具半径值 D01＝6.0，长度值 H01＝4.0。

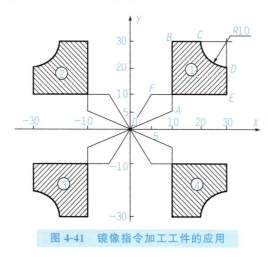

图 4-41 镜像指令加工工件的应用

使用镜像指令编制的程序见表 4-29。

表 4-29 使用镜像功能指令编制的程序

程序内容	程序说明
O0001;	主程序
N10 G80 G17 G90 G54;	取消固定循环，选择 XOY 加工平面，采用绝对坐标方式编程，设定工件坐标系 G54
N20 G00 M03 S1000 Z100;	主轴正转，刀具沿 Z 轴快速移动至 Z＝100 的坐标位置
N30 X0 Y0;	刀具移到 X＝0、Y＝0 的坐标位置
N40 Z10;	刀具沿 Z 轴移至 Z＝10 的坐标位置
N50 M98 P100;	调用加工轮廓①的子程序
N60 G51.1 X0;	Y 轴镜像
N70 M98 P100;	调用加工轮廓②的子程序
N80 G50.1 X0;	取消 Y 轴镜像
N90 G51.1 X0 Y0;	相对原点镜像
N100 M98 P100;	调用加工轮廓③的子程序

续表

程序内容	程序说明
N110 G50.1 X0 Y0;	取消原点镜像
N120 G51.1 Y0;	X 轴镜像
N130 M98 P100;	调用加工轮廓④的子程序
N140 G50.1 Y0;	取消 X 轴镜像
N150 Z100;	刀具沿 Z 轴移至 Z＝100 坐标位置
N160 M05 M30;	程序结束
% 100;	加工轮廓①的子程序
N200 G01 G41 X10 Y5 D01 F200;	刀具开始工进，并加刀补，从 O 点→A 点
N210 Z-5;	沿 Z 轴方向下刀
N220 Y30;	刀具从 A 点→B 点
N230 X20;	刀具从 B 点→C 点
N240 G03 X30 Y20 R10;	刀具从 C 点→D 点
N250 G01 Y10;	刀具从 D 点→E 点
N260 X5;	刀具从 E 点→F 点
N270 G00 Z10;	沿 Z 轴方向抬刀
N280 G40 X0 Y0;	回到 O 点，并取消刀补
N290 M99;	子程序结束

2)SINUMERIK 系统可编程镜像指令 MIRROR/AMIRROR

(1)指令功能：MIRROR/AMIRROR 的功能与 FUNAC 系统镜像指令 G51.1/G50.1 的功能类似。

(2)指令格式：

MIRROR X__ Y__ Z__ （在单独的程序段中编程）

AMIRROR X__ Y__ Z__ （在单独的程序段中编程）

其中，MIRROR 参考当前的用 G54~G599 指令设置的有效坐标系绝对镜像；AMIRROR 参考当前设置的有效坐标系或者程序坐标系增量镜像；X、Y、Z 指需要做镜像变换方向上的坐标轴。

(4)指令说明。

①在使用镜像功能时，由于数控机床的 Z 轴安装有刀具，所以，一般情况下不在 Z 轴方向执行镜像功能。

②在指定平面内执行镜像指令时，若程序中有刀具半径补偿指令，则刀具半径补偿的偏置方向相反，即 G41 变成 G42，而 G42 变成 G41。

③在指定平面内执行镜像指令时，若程序中有圆弧指令，则圆弧的旋转方向相反，即 G02 变成 G03，而 G03 变成 G02。

④MIRROR/AMIRROR 可以用于工件形状关于坐标轴的镜像编程。所有在镜像后调用的平移运动（如在子程序中），用镜像的方式执行。

⑤ MIRROR 后面若不带任何参数，则取消所有以前激活的框架指令。

♂ 11. 旋转变换指令

1）FANUC 系统旋转指令 G68/G69

（1）指令功能：当工件上有相同的结构，而且这些相同的结构有共同的旋转中心时，工件能够按照指定的旋转方向和角度旋转。

（2）指令格式：

$$\left.\begin{array}{l}G17\\G18\\G19\end{array}\right\} G68 \left.\begin{array}{ll}X\_ & Y\_\\X\_ & Z\_\\Y\_ & Z\_\end{array}\right\} P\_;$$

M98 P_ ;

G69;

其中，X、Y、Z 指旋转中心的坐标值；G68 是建立旋转指令；G69 是取消旋转指令；G68 后面的 P 为旋转角度，单位是度（°），0≤P≤360°（部分数控系统使用 R 作为旋转角度）；M98 是调用子程序指令；M98 后面的 P 为子程序地址码。

（3）指令说明。

① 在有刀具补偿的情况下，先旋转，后进行刀具半径补偿或刀具长度补偿；在有缩放功能的情况下，先缩放，后旋转。

② G68、G69 为模态指令，可相互注销，G69 为缺省值。

③ G68 通常和子程序一起使用。

（4）编程示例。

使用旋转指令编制图 4-42 所示轮廓的加工程序。工件切削深度为 5mm。

使用旋转指令编制的程序见表 4-30。

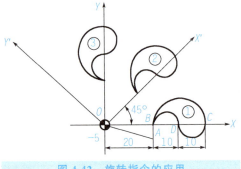

图 4-42 旋转指令的应用

表 4-30 使用旋转指令编制的程序

程序内容	程序说明
O0001;	主程序
N10 G80 G17 G90 G54;	取消固定循环，选择 XOY 加工平面，采用绝对坐标方式编程，设定工件坐标系 G54
N20 G00 M03 S1000 Z100;	主轴正转，刀具沿 Z 轴快速移动至 Z=100 的坐标位置
N30 X0 Y0;	刀具移到 X=0、Y=0 的坐标位置
N40 Z2;	刀具沿 Z 轴移至 Z=2 的坐标位置
N50 M98 P100;	调用加工轮廓①的子程序
N60 G68 X0 Y0;	以原点(0,0)为旋转中心
N70 P45;	旋转 45°
N80 M98 P100;	调用加工轮廓②的子程序
N90 G68 X0 Y0	以原点(0,0)为旋转中心

续表

程序内容	程序说明
N100 P90;	旋转 90°
N110 M98 P200;	调用加工轮廓③的子程序
N120 G69;	取消旋转
N130 Z100;	刀具沿 Z 轴退回 Z=100 的安全高度
N140 M05 M30;	主轴停转，程序结束
% 100;	调用子程序(加工轮廓①的子程序)
N200 G41 G01 X20 Y-5 D01 F200;	刀具开始工进，并加刀补，从 O 点→A 点
N210 Z-5;	沿 Z 轴方向下刀
N220 Y0;	刀具从 A 点→B 点
N230 G02 X40 R5;	刀具从 B 点→C 点
N240 X30 R5;	刀具从 C 点→D 点
N250 G03 X20 R5;	刀具从 D 点→B 点
N260 G00 Y-5;	刀具从 B 点→A 点
N270 Z10;	抬刀
N280 G40 X0 Y0;	取消刀补，同时刀具返回原点
N290 M99;	取消子程序

2) SINUMERIK 系统坐标系旋转指令 ROT/AROT

(1)指令功能：利用坐标系旋转指令，可使工件旋转某一指定的角度，这样可使编程工作量大大减少。

(2)指令格式。

①空间坐标系旋转：

ROT X__ Y__ Z__ ;

AROT X__ Y__ Z__ ;

②绕垂直轴做平面内旋转：

ROT RPL= __

AROT RPL= __

其中，ROT 是指以 G54～G57 设置的当前有效工件零点为参考基准的绝对旋转，取消以前的偏移、旋转、比例系数和镜像指令；X、Y、Z 为图形旋转的几何轴，后面为旋转的角度。AROT 是指以当前有效设置或编程零点为参考基准的附加旋转；RPL 是指用在二维平面(G17、G18、G19)内的旋转角度。

(3)指令说明。

①使用 ROT/AROT，工件坐标系可以围绕几何轴 X、Y、Z 中的任意一个轴进行旋转，或者在所选择的工作平面 G17、G18、G19 中(或者垂直方向的进给轴)围绕角度参数 RPL 进行旋转。这样，就可以在一个同样的装夹位置对斜置平面进行加工，或者对几个工件表面进行加工。

②若在镜像指令后用 AROT 编辑一个附加的旋转，则按照逆向旋转方向加工。

③当 ROT 后面不带旋转值时,可以删除所有的原有坐标偏置、坐标旋转、比例缩放和镜像功能。

④ROT、AROT 在编程时,单独占用一行。

(4)编程示例。

如图 4-43 所示,在 G54 工件坐标系中快速对 A、B、C 三个三角形进行编程。

使用坐标系旋转指令 AROT 编制的参考程序见表 4-31。

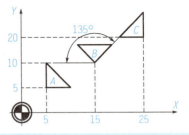

图 4-43 旋转指令的应用

表 4-31 使用坐标系旋转指令 AROT 编制的参考程序

程序内容	程序说明
……	程序准备
N30 G54 G17 G90	建立工件坐标系
N40 TRANS X5 Y5	坐标系平移
N50 L20	调用三角形子程序
N60 TRANS X15 Y10	坐标系绝对平移
N70 AROT RPL= 45	坐标系旋转 45°
N80 L20	调用三角形子程序
N90 TRANS X25 Y20	坐标系绝对平移
N100 AROT RPL= 90	坐标系旋转 90°
N110 L20	调用三角形子程序
N120 G00 Z100	Z 轴快速退回
N130 TRANS	取消坐标平移和坐标旋转
N140 M30	程序结束

12. 比例缩放指令

1)FANUC 系统比例缩放指令 G51/G50:

(1)指令功能:对于一些形状相同但轮廓尺寸不同的结构,利用数控系统比例缩放功能可简化程序内容、缩短编程时间。使用数控系统比例缩放功能后,数控系统会根据指定的比例缩放量产生一个当前坐标系,并默认新输入的尺寸均是当前坐标系中的数据尺寸。

比例缩放基本上有两种方式,一种是各轴按照相同的比例因子缩放,另一种是各轴按照不同的比例因子缩放。

(2)各轴按照相同的比例因子缩放,即沿各轴放大或缩小的比例相同。

①指令格式:

G51 X___ Y___ Z___ P___ ;
……
G50;

其中,X、Y、Z 为比例缩放中心,以绝对值指定;P 为缩放比例,P 值范围为 1~999999,即 0.0001~999.999 倍;G51 用于建立缩放比例;G50 用于取消缩放比例。

②指令说明。

缩放比例可以在程序中指定,也可以用参数指定;G51 指令需要在单独的程序段中给定;当不指定 P 而是把参数设定值用做比例系数时,若使用 G51 指令,则把设定值作为比例系数,任何其他指令不能改变这个值。各轴按照相同比例因子缩放的工件如图 4-44 所示。

在图 4-44 中,$ABCD$ 是程序中给定的图形,$A'B'C'D'$ 是经过比例缩放后的图形,O 点是比例缩放中心。

图 4-44　各轴按照相同比例因子缩放的工件

(3)各轴按照不同的比例因子缩放
①指令格式:
G51 X__ Y__ Z__ I__ J__ K__ ;
……
G50;

其中,X、Y、Z 为比例缩放中心,以±绝对值指定;I、J、K 是分别与 X、Y、Z 轴相对应的缩放比例,取值范围为±1~999999,即±0.0001~999.999 倍;G51 用于建立缩放比例;G50 用于取消缩放比例。

②指令说明。

小数点编程不能用于指定 I、J、K。G51 指令需要在单独的程序段中给定。各轴按照不同比例因子缩放的工件如图 4-45 所示。

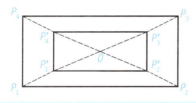

图 4-45　各轴按照不同比例因子缩放的工件

在缩放状态下不能使用返回参考点的指令,如 G27~G30 等,也不能使用坐标系的指令,如 G52~G59、G92 等。若必须使用这些指令,则需在取消缩放比例功能后指定。

2)SINUMERIK 系统比例缩放指令 SCALE/ASCALE

(1)指令格式:
SCALE X__ Y__ Z__
ASCALE X__ Y__ Z__

其中,SCALE 是指以 G54~G57 设置的当前有效工件零点为参考基准图形的放大、缩小;X、Y、Z 为指定坐标轴的比例缩放系数;ASCALE 是指以当前设置的有效坐标系或程序坐标系的零点为参考附加的放大、缩小。

(2)指令说明。

①当 SCALE 后面不加比例缩放系数时,可以用来取消坐标系平移、坐标系旋转、比例缩放和镜像功能,仍保留原工件坐标系。

②用 SCALE 比例缩放后，再进行坐标系偏移（TRANS），则坐标系偏移值也相应地进行比例缩放。

③使用系统比例缩放指令 SCALE/ASCALE，可以对所有的轨迹轴、联动轴和位移轴在所给定轴方向编辑比例系数，使一个形状的尺寸可以按照一定的规则进行改变，这样就可以编辑相同几何形状、不同尺寸轮廓的程序。

④保留缩放对刀具偏置和刀具补偿值无效。

(3) 编程示例。

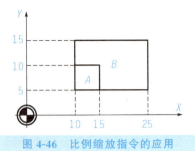

图 4-46 比例缩放指令的应用

如图 4-46 所示，在 G54 工件坐标系中快速对四边形 A、B 进行编程。

使用 SCALE/ASCALE 比例缩放指令编制的程序见表 4-32。

表 4-32 使用 SCALE/ASCALE 比例缩放指令编制的程序

程序内容	程序说明
……	程序准备
N30 G54 G90 G17	建立工件坐标系
N40 TRANS X10 Y5	坐标系绝对平移
N50 L30	调用子程序加工 A
N60 ASCALE X3 Y2	X、Y 轴放大
N70 L30	调用子程序加工 B
N80 SCALE	取消比例缩放
N90 G0 Z100	Z 轴快速退回
N100 M30	程序结束

13. 倒圆角指令

1) SINUMERIK 系统倒圆角指令 RND＝/ RNDM＝

(1) 指令功能：在 G17～G19 平面内，当轮廓中出现倒圆角时，可以直接用该指令进行编程，简化程序。

(2) 指令格式：

G17 G01 X__ Y__ RND=__ F__ （非模态指令）

G17 G01 X__ Y__ RNDM=__ F__ （模态指令）

其中，G01 为直线插补指令；X、Y 为未倒圆角前两直线交点坐标；RND＝为倒圆弧半径值；RNDM＝为倒圆弧半径值；F 为进给速度。

(3) 指令说明。

RND＝和 RNDM＝后面的数值表示倒圆弧半径，此功能与 CHF 倒斜角工件一样，都用于对直线轮廓间、圆弧轮廓间及直线轮廓与圆弧轮廓间插入的圆弧角进行过渡。RND＝一般用于单一倒圆角的结构，RNDM＝一般用于轮廓上有连续倒圆角的结构。

(4) 编程示例。

如图 4-47 所示，刀具从 A 点到 B 点铣削加工。

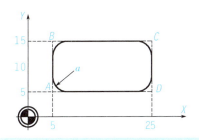

图 4-47 倒圆角指令的应用

使用倒圆角指令编制的程序见表 4-33。

表 4-33 使用倒圆角指令编制的程序

	程序内容	程序说明
程序 1	……	程序准备
	N30 G01 X5 Y5 RND= a F200	倒 A 圆角
	N40 G01 X5 Y15 RND= a	倒 B 圆角
	N50 G01 X25 Y15 RND= a	倒 C 圆角
	N60 G01 X25 Y5 RND= a	倒 D 圆角
	……	结束程序段
程序 2	……	准备程序段
	N30 G01 X5 Y5 RNDM= a F200	倒 A 圆角
	N40 G01 X5 Y15	倒 B 圆角
	N50 G01 X25 Y15	倒 C 圆角
	N60 G01 X25 Y5	倒 D 圆角
	……	结束程序段

2) FUNAC 系统倒圆角指令

(1) 指令功能：FUNAC 系统倒圆角指令的功能与 SINUMERIK 系统倒圆角指令的功能相同，只是指令格式有所不同。

(2) 指令格式：

G17 G01 X＿ Y＿ R＿ F＿ ；

其中，G01 为直线插补指令；X、Y 为未倒圆角前两直线交点坐标；R 为倒圆弧半径值；F 为进给速度。

♂ 14. FANUC 系统部分 G 代码的区别及编程技巧

1) G92 与 G54～G59 的应用

G54～G59 是在加工前设定好的坐标系，而 G92 是在程序中设定的坐标系，用了 G54～G59 就没有必要再使用 G92，否则 G54～G59 会被替换，应当避免。

> **注意：**
> ①一旦使用了 G92 设定坐标系，再使用 G54～G59 不起任何作用，除非断电重新启动系统，或接着用 G92 设定所需新的工件坐标系。
> ②使用 G92 的程序结束后，若机床没有回到 G92 设定的原点，就再次启动此程序，则机床当前所在位置就成为新的工件坐标原点，易发生事故。因此，希望广大读者慎用 G92。

2) 暂停指令

G04 指令可使进给暂停，刀具在某一点停留一段时间后再执行下一段程序。

输入格式：

G04 X__ 或 G04 P__;

地址 P 或 X 后的数值是暂停时间。两者的区别是：X 后面的数值要带小数点，否则以此数值的千分之一计算，以秒(s)为单位；P 后面的数值不能带小数点，以毫秒(ms)为单位(即整数表示)。

例如：

G04 X3.0； 或 G04 X3000   ；暂停 3 s

G04 P3000;

在某些孔系加工指令中(如 G82、G88 及 G89)，为了保证孔底的粗糙度，当刀具加工至孔底时需有暂停时间，此时只能用地址 P 表示。若用地址 X 表示，则控制系统会把 X 当作 X 轴坐标值进行执行。

例如：

G82 X80.0 Y60.0 Z-20.0 R5.0 F200 P2000; 钻孔(80.0, 60.0)至孔底暂停 2 s

G82 X80.0 Y60.0 Z-20.0 R5.0 F200 X2.0; 钻孔(2.0, 60.0)至孔底不会暂停

在同一程序段中，对于相同指令(相同地址符)或同一组指令，后出现的起作用。

例如：

T2M06T3；换刀程序，换上的是 T3 而不是 T2

G01 G90 Z30.0 Z20.0 F100；执行的是 Z20.0，Z 轴直接到达 Z20.0，而不是 Z30.0

G01 G00 X40.0 Y30.0 F100；执行的是 G00(虽有 F 值，但也不执行 G01)

不是同一组的指令代码，在同一程序段中互换先后顺序对执行效果无影响。

例如：

G90 G54 G00 X0 Y0 Z50.0;

和

G00 G90 G54 X0 Y0 Z50.0;

相同。

在实际应用中，只有深刻理解各种指令的用法和编程规律，才能减少错误，避免事故的发生。

3) 刀具补偿参数地址 D、H 的应用

在部分数控系统(如 FAUNC)中，刀具补偿参数 D、H 具有相同的功能，可以任意互换，它们都表示数控系统中补偿寄存器的地址名称，但具体补偿值由它们后面补偿号地址

中的具体数值来决定。因此，在加工过程中，为了防止出错，一般人为规定 H 为刀具长度补偿地址，补偿号为 1～20 号；D 为刀具半径补偿地址，补偿号为 21 号开始（20 把刀的刀库）。

例如：
G00 G43 H1 Z50.0;
G01 G41 D21 X60.0 Y30.0 F100;

15. FANUC 系统部分 M 代码的区别及技巧

（1）M04 指令之间必须用 M05 指令使主轴停转后进行。

（2）M00、M01、M02 和 M30 的区别与联系。

在初学加工中心编程时，对以上几个 M 代码容易混淆，主要原因是学生对加工中心的加工缺乏认识。它们的区别与联系如下。

①M00 为程序无条件暂停指令。程序执行到此进给停止，主轴停转。重新启动程序，先回到 JOG 状态，按下主轴正转启动主轴，接着返回 AUTO 状态，按下 START 键才能启动程序。M00 主要用于编程者想在加工中使机床暂停（检验工件、调整、排屑等）。

②M01 为程序选择性暂停指令。程序执行前必须打开控制面板上的 OP STOP 键才能执行，即"选择停止"键处于 ON 状态时，此功能才有效，否则该指令无效。其执行后的效果与 M00 相同。M01 和 M00 一样，常用于加工中途工件关键尺寸的检验、排屑或暂停。

③M02 为主程序结束指令。执行到此指令，进给停止，主轴停止，切削液关闭，但程序光标停在程序末尾。

④M30 为主程序结束指令。其功能与 M02 类似，不同之处是，光标返回程序头位置，不管 M30 指令之后是否还有其他程序段。

四 子程序的调用

在铣削加工中，工件的孔加工、型腔和凸台加工是数控铣床加工的主要内容。在编程过程中，对于型腔和凸台加工，常使用子程序。应用子程序可以简化加工程序和提高编程的效率。

1. 指令功能

在一个数控加工程序中，若有些加工内容完全相同或相似，为了简化程序，则可以把这些重复的程序段单独列出，并按一定的格式将其编写成数控加工程序，这些重复的程序称为子程序。

2. 子程序结构

O××××;   子程序名
……   子程序主体
M99;   子程序结束段

在子程序开头指定的子程序名供主程序调用；子程序的主体格式与其他程序一样；子程序使用 M99 结束。

3. 子程序调用指令格式

1) FANUC 系统子程序调用指令 M98/M99 格式

FANUC 系统子程序调用指令有两种格式。

格式 1：

M98 P ××××；

其中，P 为调用的子程序名，P 后面的数字中，后四位为子程序名，前几位为重复调用次数（可以是三位数字，可以调用 999 次，省略时为调用一次）；M98 为子程序调用指令。

例如，M98 P50100 表示五次调用子程序 O100；M98 P100 表示一次调用子程序 O100。

格式 2：

M98 P×××× L××××；

其中，P 后面的四位为子程序名；L 后面的四位数为重复调用次数，省略时为调用一次。

2) SINUMERIK 系统子程序调用指令格式

FANUC 系统和 SINUMERIK 系统的子程序调用指令是不一样的。FANUC 系统的子程序以 M98 开始，以 M99 结束；而 SINUMERIK 系统直接用程序名调用子程序，即当要求重复调用子程序时，则在所调用的子程序后 P 地址写入调用次数（最多可调用 9999 次）。子程序要求为独立程序段。其中，子程序名开始两位必须是字母，其后为字母、数字或下划线，最多不超过 16 位字符，中间不允许有分隔符并用扩展名".SPF"，而主程序后缀为".MPF"。另外，还可以用子程序地址字 L 后跟七位整数表示子程序。

例如，AB3 P3 表示三次调用子程序 AB3.SPF；L100 P5 表示五次调用子程序 L100.SPF。

用 M17 指令结束子程序并返回。

4. 子程序的嵌套

在编制程序时，有时为了简化程序，可嵌套子程序，即用一个子程序调用另一个子程序。子程序的嵌套如图 4-48 所示。

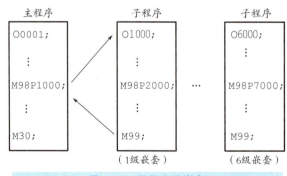

图 4-48 子程序的嵌套

5. 指令说明

(1) 主程序在执行过程中若需要某一子程序，则通过调用 M98 指令就可调用子程序，子程序执行完后又返回主程序,继续执行主程序后面的程序段。

(2)若零件上若干处具有相同的轮廓形状,则只要编写一个加工该轮廓形状的子程序,然后用主程序多次调用该子程序即可完成对工件的加工。

(3)为了进一步简化程序,可以让子程序调用另一个子程序,这种程序的结构称为子程序嵌套。在编程中使用较多的是二重嵌套。

(4)主程序和子程序的比较。

主程序和子程序都是完整的程序,都包括程序名、程序主体和程序结束段。主程序和子程序的程序命名规则相同,程序主体格式也相同,但主程序和子程序的结束指令不同,而且子程序不具备 M、S、T 功能,不能单独运行,由主程序或上层子程序调用执行。

(5)子程序的嵌套一般最多 10 级,要根据各个系统的规定而定,数控机床说明书中会有这方面的说明。

♂ 6. 编程示例

在"镜像指令 G51.1/G50.1"和"旋转指令 G68/G69"的编程示例中,均有 FANUC 数控系统子程序调用的具体编程示例。

图 4-49 所示为子程序应用的零件。槽深 3mm。

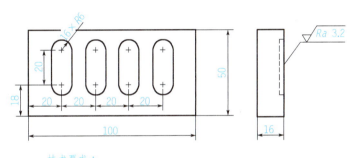

图 4-49 子程序的应用

只要将子程序调用指令修改一下,其他内容不变,就是 SINUMERIK 系统的子程序。SINUMERIK 系统子程序调用参考程序见表 4-34。

表 4-34 SINUMERIK 系统子程序调用参考程序

程序内容	程序说明
JG550	主程序名
N10 CFTCP	取消固定循环
N20 G90 G54 G00 Z100	采用绝对坐标方式编程,设立工件坐标系 G54,刀具沿 Z 轴快速移动至 Z=100 的坐标位置
N30 X0 Y0	刀具移到 X=0、Y=0 的坐标位置
M03 S1000 M08	主轴正转,切削液开
L600 P4	加工槽,重复调用 4 次子程序

续表

程序内容	程序说明
G90 Z100	抬刀
N30 X0 Y0	回到原点
Y200	工作台外移，方便检测、装卸
N150 M05 M09	主轴停转，切削液关
N160 M30	程序结束
L600	子程序名
G91 X6 Y0	相对坐标定位到 A 点
Z-95	到达安全高度
G01 Z-3 F60	下刀至切削深度
N200 G41 Y6 D01 F80	建立刀补
N210 G03 X-6 Y-6 CR=6	逆时针圆弧切入
N220 Y-10	轮廓加工
N230 G03 X12 CR=6	轮廓加工
N240 Y20	轮廓加工
N250 G03 X-12 CR=6	轮廓加工
N260 Y-10	轮廓加工
N270 G03 X6 Y-6 CR=6	圆弧切出
N280 G01 G40 Y6	取消刀补
G00 Z103	抬刀
X-6	回到原点
X20	相对前一点 X 正向偏移 20 mm
N290 M99	子程序结束

单元 4　典型零件加工工艺方案的制定及其程序的编制

一　凸台类零件加工工艺方案的制定及其程序的编制

♂ 1. 凸台类零件的工艺分析及加工工艺方案的制定

1）识读图样

图 4-50 所示为凸台类零件图及三维图。零件材料为 45 钢。加工部分为尺寸是 68mm×68mm×5mm、四周圆角为 R20mm 的凸台。零件尺寸为 80mm×80mm×20mm，各表面已加工。加工时要保证凸台对原料侧面的对称度、凸台的尺寸和圆度精度、凸台侧面和底

单元 4　典型零件加工工艺方案的制定及其程序的编制

面的表面粗糙度要求。

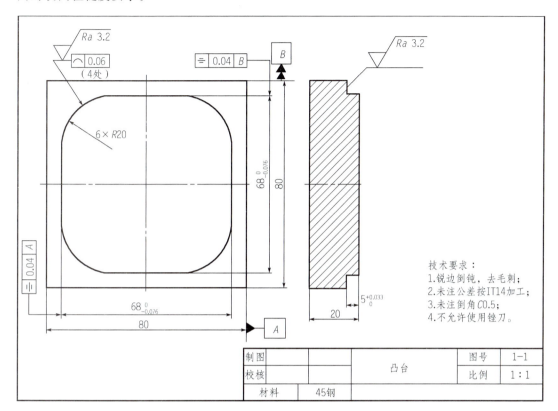

(a)

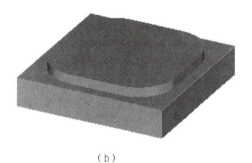

(b)

图 4-50　凸台类零件图及三维图
(a)零件图；(b)三维图

2) 建立工件坐标系

工件的六个平面均具有对称性，因此以工件上表面中心为编程原点，建立工件坐标系。

3) 选择夹具，确定工件定位装夹方案

根据工件的形状和加工部位的现状，该凸台的加工可选择精密平口钳装夹工件。安装平口钳时要对平口钳进行校正。选择工件已加工的侧表面和工件底面作为定位基准面，工件侧表面与钳口之间加垫片，工件底面与平口钳底面之间加垫块，如图4-51所示。根据工件的高度尺寸、采用的切削用量及平口钳夹紧力较小的特点，在满足工件加工要求的前提下，工件高出钳口顶面约10mm。

4) 确定工件加工方法

本例在立式数控铣床(或加工中心)上铣削。粗加工时，为提高加工效率，采用直径较大的 φ16mm 三刃立铣刀。半精加工和精加工时，为保证加工精度、减少换刀带来的加工误差，采用直径为 φ10mm 四刃立铣刀。

5) 确定工件加工路线

本工件采用环切法加工：刀具先以 G00 的速度快速运动到工件坐标系上方安全高度 Z100 的位置→移到刀具起始位置 A 点→快速下降到离工件上表面 Z2 的位置→以 G01 的进给速度下降至给定切削深度 Z−5 的位置→在 XY 加工平面内以 G01 进给速度运动到 B 点，在此过程中建立刀补→刀具依次运动到 C 点→D 点→E 点→F 点→H 点→最后直线退刀到 K 点，完成凸台的加工，如图4-52所示。

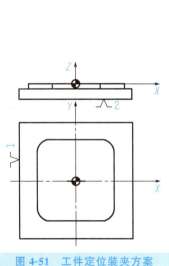

图4-51 工件定位装夹方案

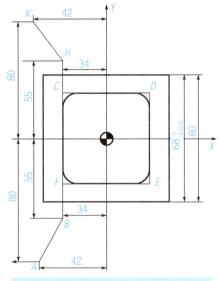

图4-52 凸台加工路线

6) 选择刀具、量具和辅助用具

刀具、量具和辅助用具准备清单见表4-35。

表 4-35 刀具、量具和辅助用具准备清单

序号	名称	规格	精度	数量
1	游标卡尺	0～150 mm	0.02 mm	1把
2	深度游标卡尺	0～200 mm	0.02 mm	1把
3	千分尺	25～50 mm、50～75 mm	0.01 mm	各1把
4	百分表及表座	0～10 mm		1套
5	偏心式寻边器	ϕ10mm	0.02 mm	1个
6	Z轴设定器	50mm	0.01	1个
7	塞尺	0.02～1mm		1副
8	半径规	R5～R30mm		各1个
9	垫块、拉杆、刷子、油壶等			若干
10	三刃粗立铣刀	ϕ16mm		1把
11	四刃精立铣刀	ϕ10mm		1把
12	强力铣刀刀柄			1套
13	普通铣刀刀柄			2套
14	扳手、锉刀	12″、10″		各1把
15	钻夹头、弹簧夹			若干
16	精密平口钳	GT15A		1台
17	其他	1. 函数型计算器		
18		2. 其他常用辅具		
19	材料	45钢，80mm×80mm×20mm		
20	数控系统	SINUMERIK、FANUC或华中HNC数控系统		
编制(日期)		审核(日期)	批准(日期)	

7) 制定数控加工工艺方案

采用粗加工、半精加工和精加工即可满足工件加工质量要求。

(1) 用平口钳装夹工件，伸出钳口约10mm。

(2) 安装 ϕ16mm 三刃粗立铣刀并对刀，设定刀具参数，粗铣凸台，单边预留0.5mm 余量。

(3) 安装 ϕ10mm 四刃精立铣刀并对刀，设定刀具参数，半精铣凸台，单边预留 0.1mm 余量。

(4) 测量工件尺寸，根据测量结果，调整刀具半径补偿值，重新执行程序精铣凸台，直至达到加工要求。

8) 填写数控加工工序卡片

数控加工工序卡片见表 4-36。

表 4-36　数控加工工序卡片

数控加工工序卡		产品型号	产品名称	零件图号	程序编号	夹具名称
						精密平口钳
工序号	工序名称	设备型号	设备名称	毛坯材料	辅助工具	车间
			（数控铣床或加工中心）	45钢		
工步号	工步内容	刀具号	刀具类型	半径补偿值 D	主轴转速 /(r/mm)	进给速度 /(mm/min)	切削深度 /mm	备注
1	粗铣凸台	T01	ϕ16mm 三刃粗立铣刀	$D=8.5$mm	450	100	5	
2	半精铣凸台	T02	ϕ10mm 四刃精立铣刀	$D=5.1$mm	2 500	600	0	
3	精铣凸台	T02	ϕ10mm 四刃精立铣刀	根据测量结果定 D 值	2 500	600	0	
编制（日期）		审核（日期）		批准（日期）	共1页	第1页

2. 编制数控加工参考程序

粗铣和精铣使用同一个加工程序，通过调整刀具半径补偿值实现粗、半精加工和精加工。FANUC 0i 系统和 SINUMERIK 系统数控加工参考程序见表 4-37 和表 4-38。

表 4-37　FANUC 0i 系统数控加工参考程序

程序内容	程序说明
O0001;	程序名
N1 G54 G17 G40 G49 G90 G80 G21 G69 G94;	设立工件坐标系，选择在 XY 平面加工，采用绝对坐标方式编程，取消刀补、固定循环和坐标系旋转指令，采用公制单位编程，选择每分钟进给
N5 T01;	选用1号刀具（ϕ16mm 三刃立铣刀）
N10 G00 G43 Z100 H01;	刀具快速移动到工件坐标系上方安全高度 100 mm 处，同时建立刀具长度补偿
N15 M03 S450;	主轴正转，转速 450 r/min
N20 X-42 Y-80;	刀具快速移动到下刀点 A 点
N25 Z2 M08;	刀具快速移动到工件上方 2 mm 处，切削液打开
N30 G01 Z-5 F80;	刀具下降到给定深度，进给速度 80 mm/min
N35 G41 G01 X-34 Y-55 D01 F100;	建立刀具半径左补偿，刀具移动到加工起始位置 B 点，进给速度 100 mm/min
N40 X-34 Y34, R20;	直线插补到 C 点并倒圆 R20mm
N45 X34 Y34, R20;	直线插补到 D 点并倒圆 R20mm
N50 X34 Y-34, R20;	直线插补到 E 点并倒圆 R20mm
N55 X-34 Y-34, R20;	直线插补到 F 点并倒圆 R20mm
N60 G01 X-34 Y55;	直线插补到 H 点

续表

程序内容	程序说明
N65 G01 G40 X-42 Y80;	直线退刀到 K 点,同时取消刀具半径补偿
N70 G00 G49 Z100;	刀具快速移动到工件坐标系上方安全高度 100 mm 处,取消刀补
N75 M09;	切削液关闭
N80 M05;	主轴停止转动
N85 M30;	程序结束

表 4-38　SINUMERIK 系统数控加工参考程序

程序内容	程序说明
AB1111.MPF	程序名
N0001 G90 G00 X80.00 Y-42.00 Z100	采用绝对坐标方式编程,刀具快速移动到下刀点 A 点
N0005 T01	选用 1 号刀具(ϕ16mm 三刃粗立铣刀)
N0010 M3 S450	主轴正转,转速 450 r/min
N0015 Z2 M8	刀具快速移动到工件上方 2 mm 处,切削液打开
N0020 G1 Z-5 F80	刀具下降到给定加工深度,进给速度 80 mm/min
N0025 G41 G1 X-34 Y-55 D01 F100	建立刀具半径左补偿,刀具移动到加工起始位置 B 点,进给速度 100 mm/min
N0030 X-34 Y34 RNDM=20	直线插补到 C 点并倒圆 R20mm
N0035 X34 Y34 RNDM=20	直线插补到 D 点并倒圆 R20mm
N0040 X34 Y-34 RNDM=20	直线插补到 E 点并倒圆 R20mm
N0045 X-34 Y-34 RNDM=20	直线插补到 F 点并倒圆 R20mm
N0050 X-34 Y55	直线插补到 H 点
N0055 G40 X-42 Y80	直线退刀到 K 点,同时取消刀具半径补偿
N0060 G00 Z100	刀具快速移动到工件坐标系上方安全高度 100 mm 处
N0065 M9	切削液关闭
N0070 M5	主轴停止转动
N0075 G74 X1=0 Y1=0 Z1=0	返回参考点(换刀点)
N0080 M30	程序结束

注意事项

(1) 半精加工和精加工不需要修改数控加工程序,只要在数控系统中修改刀具半径补偿值 D 即可。粗加工时取 $D=8.5$mm,半精加工时取 $D=5.1$mm,精加工时要根据实际测量的结果调整刀具半径补偿值 D。

(2) 在每次精铣工件表面之前必须认真检测工件的尺寸精度、垂直度、平行度和表面粗糙度,并根据检测结果调整精加工时的刀具半径补偿值。

(3) 刀具因磨损、重磨、换新刀等引起刀具直径改变后,不必修改程序,只需在刀具参数设置中输入变化后的刀具半径或磨损量即可。

(4) 若采用加工中心加工此工件,则只需预先设定好 2 号刀和 3 号刀对应的刀具长度和半径值,以及刀具长度补偿值和刀具半径补偿值即可,采用刀库换刀。

(5) 使用寻边器确定工件零点时,应采用碰双边法。

(6) 精铣时通常采用顺铣法,以提高工件表面质量。

(7) 固定钳口应与工作台的 X 轴平行。

(8) 装夹工件时,需先去毛刺。

拓展训练
凸台类零件加工实例Ⅰ

拓展训练
凸台类零件加工实例Ⅱ

二、型腔类零件加工工艺方案的制定及其程序的编制

1. 型腔类零件的工艺分析及加工工艺方案的制定

1) 识读图样

型腔类零件图及三维图如图 4-53 所示。加工部分为三角形型腔和圆形槽,加工时要保证三角形型腔和圆形槽的精度。零件毛坯为 90mm×90mm×20mm 的方料,各表面已加工。零件材料为 45 钢。

2) 建立工件坐标系

同前例。

3) 选择夹具,确定工件定位装夹方案

请参考凸台类零件加工实例。

铣削内轮廓

4) 制定数控加工工艺方案

(1) 用平口钳装夹工件,伸出钳口约 10mm。

(2) 用 A3 中心钻定位工艺孔,用 ϕ9.8mm 钻头钻工艺孔。

(3) 使用 ϕ10mm 三刃立铣刀,粗铣圆槽与三角形型腔,单边预留 0.5mm 余量。

(4) 使用 ϕ10mm 四刃立铣刀,半精铣圆槽与三角形型腔,单边预留 0.1mm 余量。

单元 4　典型零件加工工艺方案的制定及其程序的编制

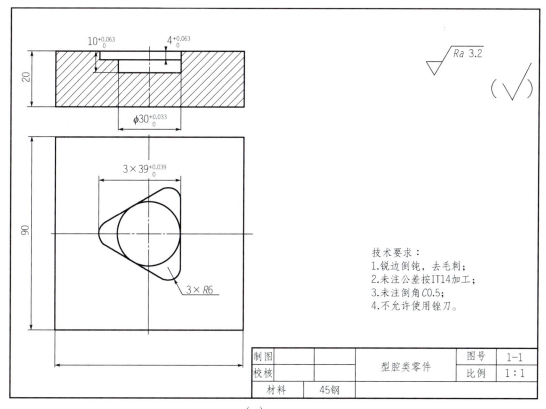

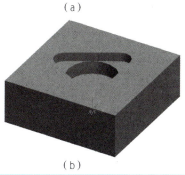

图 4-53　型腔类零件图及三维图
（a）零件图；（b）三维图

（5）测量工件尺寸，根据测量结果，调整刀具半径补偿值，精铣圆槽与三角形型腔。

5）选择刀具、量具和辅助用具

刀具、量具和辅助用具准备清单见表 4-39。

表 4-39　刀具、量具和辅助用具准备清单

序号	名称	规格	精度	数量
1	游标卡尺	0～150 mm		1 把
2	外测千分尺	50～75 mm		1 把
3	内测千分尺	50～75 mm		1 把

续表

序号	名称	规格	精度	数量
4	百分表及表座	0～10 mm		1套
5	中心钻	A3		1把
6	钻头	φ9.8mm		1把
7	三刃粗立铣刀	φ10mm		1把
8	四刃精立铣刀	φ10mm		1把
9	钻夹头刀柄			1套
10	强力铣刀刀柄			1套
11	普通铣刀刀柄			2套
12	锉刀			1套
13	夹紧工具			1套
14	其他附具	1. 平口钳、垫块若干、刷子、油壶等		
15		2. 函数型计算器		
16		3. 其他常用辅具		
17	材料	45钢，90mm×90mm×20mm		
18	数控系统	SINUMERIK、FANUC或华中HNC数控系统		
编制(日期)		审核(日期)	批准(日期)	

6) 填写数控加工工艺卡片

数控加工工艺卡片见表4-40。

表4-40 数控加工工艺卡片

数控加工工序卡		产品型号	产品名称	零件图号	程序编号	夹具名称
工序号	工序名称	设备型号	设备名称	毛坯材料	辅助工具	车间
工步号	工步内容	刀具号	刀具类型	半径补偿值 D	主轴转速 /(r/mm)	进给速度 /(mm/min)	切削深度 (mm)	备注
1	孔定位	T01	A3中心钻		1 500	30		
2	钻孔	T02	φ9.8mm钻头		700	50		
3	粗铣圆槽	T03	φ10mm三刃粗立铣刀	D=5.3mm	600	100		
4	半精铣圆槽	T04	φ10mm四刃精立铣刀	D=5.1mm	3 500	600		
5	精铣圆槽	T04	φ10mm四刃精立铣刀	根据测量结果定D值	3 500	600		
6	粗铣三角形型腔	T03	φ10mm三刃粗立铣刀	D=5.3mm	600	100		
7	半精铣三角形型腔	T04	φ10mm四刃精立铣刀	D=5.1mm	3 500	600		
8	精铣三角形型腔	T04	φ10mm四刃精立铣刀	根据测量结果定D值	3 500	600		
编制(日期)		审核(日期)		批准(日期)		共1页	第1页	

单元4 典型零件加工工艺方案的制定及其程序的编制

♂ 2. 编制数控加工参考程序

粗铣、半精铣和精铣使用同一个加工程序,通过调整刀具半径补偿值实现粗、半精和精加工。FANUC 0i 系统数控加工参考程序见表 4-41。

表 4-41 FANUC 0i 系统数控加工参考程序

程序内容	程序说明
O0001;	程序名(孔定位)
G54 G17 G40 G90 G80 G21 G06 9G94;	设立工件坐标系,在 XOY 平面内加工,绝对坐标方式编程,取消刀补、固定循环和坐标系旋转指令,公制单位编程,每分钟进给
T01;	设定刀具号(A3 中心钻)
G00 G43 Z100 H01 M03 S1500;	建立刀具长度补偿,刀具快速到达 Z100mm,主轴正转,转速 1 500 r/min
X0 Y0 M08;	刀具快速移动到钻孔位置,切削液开启
G98 G81 X0 Y0 Z-2 R2 F30;	调用 G81 指令钻中心孔,进给速度 30 mm/min
G80;	取消钻孔循环
G00 Z100;	Z 向退刀到安全高度
G49;	取消刀具长度补偿
M05;	主轴停转
M09;	切削液关闭
M30;	程序结束并返回程序开头
O0002;	程序名(钻工艺孔)
G54 G17 G40 G90 G80 G21 G69 G94;	设立工件坐标系,在 XOY 平面内加工,绝对坐标方式编程,取消刀补、固定循环和坐标系旋转指令,公制单位编程,每分钟进给
T02;	设定刀具号(ϕ9.8mm 钻头)
G0 G43 Z100 H03 M03 S700;	建立刀具长度补偿,刀具快速到达 Z100 mm.,主轴正转,转速 600 r/min
X0 Y0 M08;	刀具快速移动到坐标原点,切削液打开
G98 G81 X0 Y0 Z-10 R2 F50;	调用 G81 指令钻中心孔,进给速度 50 mm/min
G80;	取消钻孔循环
G00 Z100;	Z 向退刀到安全高度
G49;	取消刀具长度补偿
M05;	主轴停转
M09;	切削液关闭
M30;	程序结束并返回程序开头
O0003;	程序名(铣圆槽)
N2 G54 G17 G40 G90 G80 G21 G69 G94;	设立工件坐标系,在 XOY 平面内加工,绝对坐标方式编程,取消刀补、固定循环和坐标系旋转指令,公制单位编程,每分钟进给
N4 T03;	刀具号设定(ϕ10mm 三刃粗立铣刀)
N6 G00 G43 Z100 H03 M03 S600;	建立刀具长度补偿,主轴正转,转速 450 r/min
N8 X0 Y0;	刀具快速移动到下刀点
N10 Z2 M8;	刀具快速移动到安全高度 2 mm,切削液打开

续表

程序内容	程序说明
N11 G1 Z-10 F20;	刀具下降到给定深度，进给速度 20 mm/min
N12 G41 G01 X15 Y0 D03 F60;	建立左刀补并移动到指定位置(圆槽右端)，进给速度 60 mm/min
N14 G3 I-15 J0 F100;	整圆加工，进给速度 100 mm/min
N16 G01 G40 X0 Y0;	取消刀具半径补偿
N18 G00 Z100;	刀具快速移动到安全高度 100 mm
N20 M09;	切削液关闭
N22 M05;	主轴停止转动
N24 M30;	程序结束并返回程序开头
O0004;	程序名(铣三角形型腔)
N2 G54 G17 G40 G90 G80 G21 G69 G94;	设立工件坐标系，在 XOY 平面内加工，绝对坐标方式编程，取消刀补、固定循环和坐标系旋转指令，公制单位编程，每分钟进给
N4 T03;	刀具号设定(ϕ10mm 三刃粗立铣刀)
N6 G00 G43 Z100 H03 M03 S600;	建立刀长度补偿，主轴正转，转速 450 r/min
N8 X0 Y0;	刀具快速移动到下刀点
N10 Z2 M08;	刀具快速移动到安全高度 2 mm，切削液打开
N12 G01 Z-10 F20;	刀具下降到给定深度，进给速度 20 mm/min
N14 G41 G01 X15 Y-5 D03 F60;	建立左刀补并移动到指定位置，进给速度 60 mm/min
N16 G01 X15 Y25.981, R6 F100;	直线插补倒圆角，进给速度 60 mm/min
N18 G01 X-30 Y0, R6;	直线插补倒圆角
N20 G01 X15 Y-25.981, R6;	直线插补倒圆角
N22 G01 X15 Y5;	直线插补
N24 G01 G40 X0 Y0;	取消刀具半径补偿
N26 G00 Z100;	刀具快速移动到安全高度 100 mm
N28 M09;	切削液关闭
N30 M05;	主轴停止转动
N32 M30;	程序结束并返回程序开头

注意事项：

(1)精铣时，采用顺铣法，以提高表面质量。

(2)垂直进刀时，应避免立铣刀直接切削工件。

(3)铣削加工时，铣刀尽量沿轮廓切线方向进刀和退刀，若必须沿法线进刀和退刀，则应使切入和切出的速度慢些(铣三角形型腔时，进给速度采用 60mm/min，正常铣削后提升进给速度为 100mm/min)，并设置切入、切出段(铣三角形型腔时，切入、切出段长度设为 5mm)，以防刀具过切。

(4)铣削有岛屿的型腔时，要综合考虑下刀点位置，尤其是走刀空间较小的情况下，更加要考虑走刀路径，防止轮廓过切。

单元4　典型零件加工工艺方案的制定及其程序的编制

拓展训练
型腔类零件加工实例

拓展训练
凹凸类零件加工工实例

拓展训练
综合类零件加工实例

数控车铣加工职业技能
等级实操考核样题

数控竞赛

思考与练习

一、填空题

1. 数控铣床（加工中心）主要用于加工_____、_____、_____、_____、_____等零件。

2. 数控铣床（加工中心）能够铣削各种_____、_____、_____等，除此之外还可以进行_____、_____、_____、_____等工作。

3. 当铣削薄而长的工件或者以保证零件表面质量为主时，宜采用_____；当工件表面有硬皮时或切削余量较大时，宜采用_____。

4. 钻刀适合于_____，镗刀、铰刀、成形刀具适合于_____，各刀具采用的_____不同。

5. 数控铣刀是多刀齿刀具，铣削时多个刀齿同时参与切削，所以_____时主轴转速可取较大值，以提高生产率。

6. 常用平面加工方法有_____、_____、_____、_____。

7. 基准重合原则是指工件定位基准应尽量选择在_____上，也就是使工件的定位基准尽量与本工序的_____重合。

8. 沿着刀具的进给方向看，若刀具在被加工轮廓的左侧，则为刀具半径_____补偿。

9. 在数控铣床上，铣刀的_____运动是主运动，工件的_____运动是进给运动。

10. 使用数控机床加工零件时，工件先在某一个坐标平面内进行两个坐标轴方向的联动，然后沿第三个坐标轴方向做等距周期移动，这种坐标联动方式称为_____联动。

二、判断题

1. 数控铣床主要用于加工轴类和盘类零件。　　　　　　　　　　（　　）

2. G91是绝对坐标方式编程指令，即在G91编程方式下，程序段中的尺寸为绝对坐标值。　　　　　　　　　　　　　　　　　　　　　　　　　　（　　）

3. 手工编程前要对所加工的零件进行加工工艺分析，自动编程就无须对零件进行工艺分析。　　　　　　　　　　　　　　　　　　　　　　　　　（　　）

4. 因欠定位没有完全限制按零件加工精度要求应该限制的自由度，因而在加工过程中是不允许的。　　　　　　　　　　　　　　　　　　　　　（　　）

5. 进给速度由F指令决定，其单位为mm/min。　　　　　　　　　（　　）

6. G00不能在切削加工程序中使用，只能用于刀具的空行程运动。　（　　）

三、选择题

1. 下列不属于工艺基准的是（　　）。
   A. 定位基准　　　　B. 设计基准　　　　C. 装配基准　　　　D. 测量基准
2. 加工中心与数控铣床的主要区别是（　　）。
   A. 有无自动换刀系统　　　　　　　　B. 机床精度不同
   C. 数控系统复杂程度不同　　　　　　D. 有无自适应控制系统
3. 开环控制是一种（　　）控制方法，其控制精度很低。
   A. 无位置反馈　　　　　　　　　　　B. 有位置反馈
   C. 一部分位置反馈　　　　　　　　　D. 以上三者都不是
4. 闭环控制是一种（　　）控制方法，它采用的控制对象、执行机构多半是伺服电机。
   A. 无位置反馈　　　　　　　　　　　B. 有位置反馈
   C. 一部分位置反馈　　　　　　　　　D. 以上三者都不是

四、简答题

1. 简述数控铣削工艺特点及其主要工艺内容。
2. 试述数控铣床坐标系的设置原则及其与数控车床坐标系的区别。
3. 数控铣削工艺规程指的是什么？具体内容有哪些？
4. 简述数控铣削常用编程指令的作用及其格式。
5. 使用固定循环指令时应注意哪些事项？用什么指令可以撤销固定循环指令？
6. 试比较 FANUC 系统和 SINUMERIK 系统常用固定循环指令的区别。
7. 简述 G00 与 G01 程序段的主要区别。
8. 简述在使用圆弧插补指令编程时应注意的问题。
9. 加工整圆时，应用什么格式的编程指令？试写出程序段的格式。
10. 试述准备功能字的模态指令和非模特指令的区别，并举例说明。
11. 使用子程序时需要注意哪些问题？
12. 简述孔加工固定循环中刀具的基本动作，并说明 G81、G82、G73 和 G83 固定循环指令的区别。
13. 简述攻螺纹循环的 R 值、进给速度、编程深度、预加工孔编程深度确定时的注意要点。
14. 刀具半径补偿指令 G41、G42 是如何规定的，选用它的作用是什么？
15. 使用刀具半径补偿时需要注意哪些问题？
16. 加工哪些形状时需要使用刀具长度补偿？使用刀具长度补偿时需要注意哪些问题？
17. 简述采用坐标系偏移指令、坐标系旋转指令及比例缩放指令的目的。编程中，三个指令的先后顺序有要求吗？
18. 采用坐标系偏移指令编程时应注意什么？
19. 采用坐标系旋转指令编程时应注意什么？
20. 旋转指令中的旋转角度是如何规定的？建立和取消旋转时需注意些什么？
21. 采用比例缩放指令编程时应注意什么？
22. 使用端铣刀铣削平面需考虑哪些工艺问题？

23. 使用立铣刀铣削凸台轮廓需考虑哪些工艺问题？
24. 铣削型腔类零件时需考虑哪些工艺问题？
25. 加工精度较高的孔时应考虑哪些工艺问题？应怎样安排工序？
26. 简述铣削型腔类零件时应如何选用刀具及确定加工工艺路线。
27. 精加工时需考虑刀具因磨损、重磨、换新刀等引起的刀具半径变化，如何调整这些刀具半径变化对加工精度的影响？
28. 钻孔前为什么要先将工件顶面铣去一薄层？为什么用手动方式铣削？
29. 钻孔时为什么采用 G83 而不采用 G81？它们在使用时有哪些不同？
30. 铰孔时为什么采用 G85？使用时要注意什么？
31. 如何在节点处进行圆滑过渡编程？
32. 铣削有岛屿的型腔时，应注意哪些问题？
33. 简述镗孔加工的工艺要点。
34. 简述铰孔加工的工艺要点。
35. 在切削凹、凸圆弧时，应怎样修调切削速度 F？
36. 如何保证尺寸精度和零件轮廓的完整性？
37. 一般半精加工和精加工时不需要修改原粗加工程序即可实现加工，试述具体操作方法。
38. 如何使用寻边器确定工件的零点？
39. 精铣时通常采用顺铣还是逆铣？请说明原因。
40. 安装平口钳时应注意哪些问题？固定钳口应与工作台的什么轴平行？
41. 装夹工件之前要进行哪些准备工作？

五、综合题

1. 如图 4-54 所示，使用 T01、T02、T03 号刀具对工件进行钻、扩、铰加工，编程时选用 T01 刀具为标准刀具长度，试写出 G43、G44 指令对 T02、T03 号刀具向下快速移动 100mm 时，进行长度补偿的程序段（用增量坐标编程），并说明存储器中的补偿值和刀具实际位移是多少。

2. 如图 4-55 所示，刀心起点为工件零点 O，刀具按 $O \rightarrow A \rightarrow B \rightarrow C \rightarrow D \rightarrow E$ 的顺序运动，写出 A、B、C、D、E 各点的绝对坐标值、相对坐标值（所有点均在 XOY 平面内）。

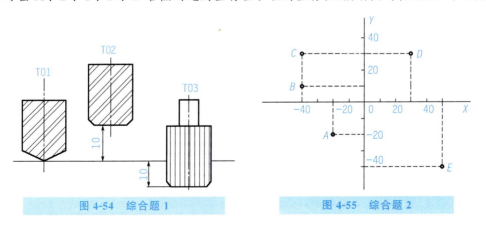

图 4-54 综合题 1　　　　图 4-55 综合题 2

3. 如图 4-56 所示零件，材料 45 钢，需调质。
(1) 确定零件的数控铣削工艺方案，并制定数控铣削加工工艺卡片。
(2) 分别采用 SINUMERIK 数控系统、FANUC 0i 数控系统编写其数控加工程序。

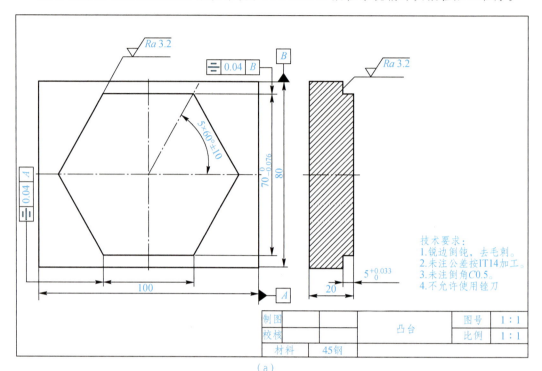

(a)

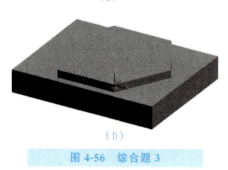

(b)

图 4-56 综合题 3

4. 使用 φ10mm 立铣刀精铣图 4-57 所示的凸台侧面。
(1) 确定零件的数控铣削工艺方案，并制定数控铣削加工工艺卡片。
(2) 分别采用 SINUMERIK 数控系统、FANUC 0i 数控系统编写其数控加工程序。
提示：使用刀具半径补偿功能编程。

单元4 典型零件加工工艺方案的制定及其程序的编制

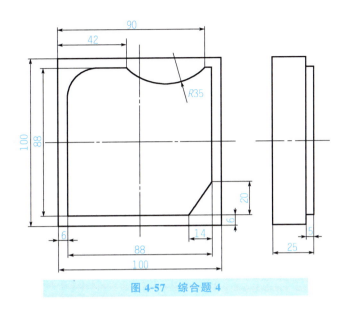

图4-57 综合题4

5. 使用 φ10mm 键槽铣刀完成图 4-58 所示的字母加工,槽深 2mm。

(1)试确定零件的数控铣削工艺方案,并制定数控铣削加工工艺卡片。

(2)分别采用 SINUMERIK 数控系统、FANUC 0i 数控系统编写其数控加工程序。

6. 如图 4-59 所示,毛坯为 100mm×80mm×16mm 板材,工件材料为 45 钢。

(1)试确定工件上表面、内外轮廓、孔的数控铣削工艺方案,并制定数控铣削加工工艺卡片。

(2)分别采用 SINUMERIK 数控系统、FANUC 0i 数控系统编写其数控加工程序。

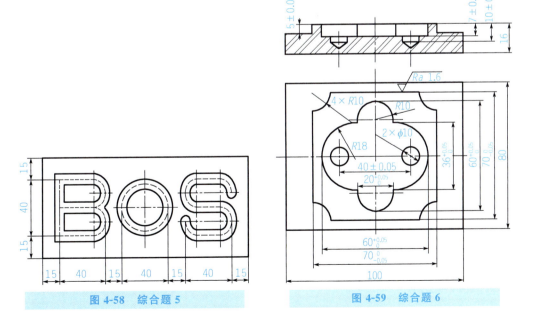

图4-58 综合题5   图4-59 综合题6

7. 如图 4-60 所示，毛坯为 100mm×100mm×21mm 板材，工件材料为 45 钢。
(1) 试确定工件上表面和槽的数控铣削工艺方案，并制定数控铣削加工工艺卡片。
(2) 分别采用 SINUMERIK 数控系统、FANUC 0i 数控系统编写其数控加工程序。

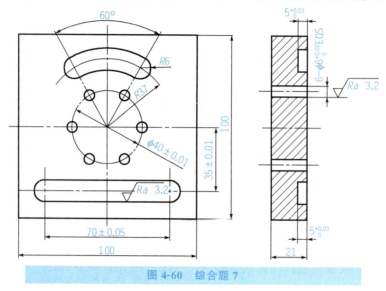

图 4-60　综合题 7

8. 图 4-61 所示为孔板零件，其毛坯尺寸是 80mm×80mm×30mm，材料为 45 钢。该工件要求加工 $\phi16$mm 的通孔和 4×M8 的螺纹孔，请制定数控铣床的加工工艺，并编写数控加工程序。

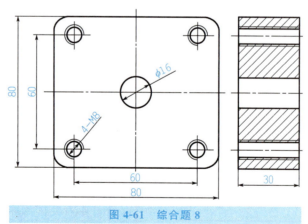

图 4-61　综合题 8

9. 如图4-62所示，请制定凸台加工工艺方案，并编写数控加工程序。已知凸台高4mm，零件材料为45钢。

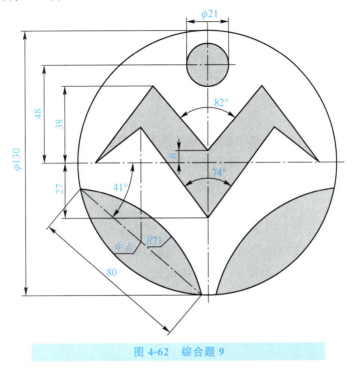

图4-62 综合题9

10. 如图4-63所示，请制定"运动健儿"加工工艺方案，并编写数控加工程序。已知圆盘高4mm，零件材料为45钢。

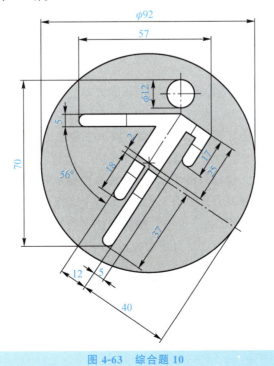

图4-63 综合题10

大国工匠 鲁宏勋：
精密铸箭为蓝天

参 考 文 献

[1] 徐刚. 数控加工工艺与编程技术基础[M]. 北京：西安电子科技大学出版社，2018.
[2] 吴光明. 数控编程与操作[M]. 北京：机械工业出版社，2016.
[3] 董建华，龙华，肖爱武. 数控编程与加工技术（第二版）[M]. 北京：北京理工大学出版社，2016.
[4] 刘军，张秀丽. 机床数控技术[M]. 北京：电子工业出版社，2015.
[5] 刘胜勇. 实用数控加工手册[M]. 北京：机械工业出版社，2015.
[6] 田坤，聂广华，陈新亚，李纯彬. 数控机床编程、操作与加工实训（第二版）[M]. 北京：电子工业出版社，2015.
[7] 张兆隆，孙志平，刘岩. 数控加工工艺与编程[M]. 北京：高等教育出版社，2014.
[8] 杨建明. 数控加工工艺与编程[M]. 北京：北京理工大学出版社，2014.
[9] 黄东荣. 图解数控机床维修快速入门：西门子840D数控系统[M]. 北京：机械工业出版社，2014.
[10] 昝华，陈伟华. SINUMERIK828D铣削操作与编程轻松进阶[M]. 北京：机械工业出版社，2014.
[11] 朱仁盛. 机械制造技术基础[M]. 北京：北京理工大学出版社，2014.
[12] 吕斌杰，蒋志强，高长银等. SIEMENS系统数控铣床和加工中心[M]. 北京：化学工业出版社，2013.
[13] 李锋. 数控宏程序应用技术及实例精粹[M]. 北京：化学工业出版社，2013.
[14] 梁桥康，王耀南，彭楚武. 数控系统[M]. 北京：清华大学出版社，2013.
[15] 毕俊喜. 数控系统及仿真技术[M]. 北京：机械工业出版社，2013.
[16] 许云飞. FANUC系统数控车床编程与加工[M]. 北京：电子工业出版社，2013.
[17] 丑幸荣. 数控加工工艺编程与操作[M]. 北京：机械工业出版社，2013.
[18] 韩步愈. 金属切削原理与刀具[M]. 北京：机械工业出版社，2012.
[19] 陈向荣. 数控编程与操作[M]. 北京：国防工业出版社，2012.
[20] 吴长有，赵婷. 数控加工仿真与自动编程技术[M]. 北京：机械工业出版社，2012.